职业技术教育课程改革规划教材
光电技术应用技能训练系列教材

光电器件制造与检测技能训练

GUANG DIANQIJIAN ZHIZAO
YU JIANCE JINENG XUNLIAN

主　编　胡　峥　郝小琳
副主编　邵莉芬　程　娟
参　编　刘晓竹　琚兰兰　周　婷
主　审　唐霞辉

中国·武汉

职业技术教育课程改革规划教材——光电技术应用技能训练系列教材

编审委员会

序　　言

激光及光电技术在国民经济的各个领域的应用越来越广泛，中国激光及光电产业在近十年得到了飞速发展，成为我国高新技术产业发展的典范。2017 年，激光及光电行业从业人数超过 10 万人，其中绝大部分员工从事激光及光电设备制造、使用、维修及服务等岗位的工作，需要掌握光学、机械、电气、控制等多方面的专业知识，需要具备综合、熟练的专业技术技能。但是，激光及光电产业技术技能型人才培养的规模和速度与人才市场的需求相去甚远，这个问题引起了教育界，尤其是职业教育界的广泛关注。为此，中国光学学会激光加工专业委员会在 2017 年 7 月 28 日成立了中国光学学会激光加工专业委员会职业教育工作小组，希望通过这样一个平台将激光及光电行业的企业与职业院校紧密对接，为我国激光和光电产业技术技能型人才的培养提供重要的支撑。

我高兴地看到，职业教育工作小组成立以后，各成员单位围绕服务激光及光电产业对技术技能型人才培养的要求，加大教学改革力度，在总结、整理普通理实一体化教学的基础上，开始构建以激光及光电产业职业活动为导向、以校企合作为基础、以综合职业能力培养为核心，将理论教学与技能操作融会贯通的一体化课程体系，新的教学体系有效提高了技术技能型人才培养的质量。华中科技大学出版社组织国内开设激光及光电专业的职业院校的专家、学者，与国内知名激光及光电企业的技术专家合作，共同编写了这套职业技术教育课程改革规划教材——光电技术应用技能训练系列教材，为构建这种一体化课程体系提供了一个很好的典型案例。

我还高兴地看到，这套教材的编者，既有职业教育阅历丰富的职业院校老师，还有很多来自激光和光电行业龙头企业的技术专家及一线工程师，他们把自己丰富的行业经历融入这套教材里，使教材能更准确体现“以职业能力为培养目标，以具体工作任务为学习载体，按照工作过程和学习者自主学习要求设计和安排教学活动、学习活动”的一体化教学理念。所以，这套打着激光和光电行业龙头企业烙印的教材，首先呈现了结构清晰完整的实际工作过程，系统地介绍了工作过程相关知识，具体解决了做什么、怎么做的工作问题，同时又基于学生的学习过程设计了体系化的学习规范，具体解决学什么、怎么学、为什么这么做、如何做得更好的问题。

一体化课程体现了理论教学和实践教学融通合一、专业学习和工作实践学做合一、能力培养和工作岗位对接合一的特征，是职业教育专业和课程改革的亮点，也是一个十分辛苦的工作，我代表中国光学学会激光加工专业委员会对这套教材的出版表示衷心祝贺，希望写出更多的此类教材，全方位满足激光及光电产业对技术技能型人才的要求，同时也希望本套丛书的编者们悉心总结教材编写经验，争取使之成为广受读者欢迎的精品教材。

中国光学学会激光加工专业委员会主任

二〇一八年七月二十八日

前　言

为贯彻《国务院关于大力发展职业教育的决定》精神，落实《国务院办公厅关于深化产教融合的若干意见》中“深化产教融合，促进教育链、人才链与产业链、创新链有机衔接”的迫切要求，由华中科技大学出版社牵头，编者通过社会调研、对职业学校光电类专业毕业生的就业分析和课题研究，在光电企业有关技术人员的积极参与下，结合中职学校光电类相关专业学生的基本情况，以《中等职业学校专业教学标准(试行)》为依据，参考国家人力资源和社会保障部颁布实施的《国家职业标准》和《职业技能鉴定规范》，编写了《光电器件制造与检测技能训练》一书。

本书按理论实践一体化课程要求，以职业典型工作任务为载体，将企业典型工作任务转化为具有教育价值的学习任务，每个学习任务中都包含模拟情境、任务分析、任务书、知识链接、技能指导、思考与练习等环节。任务按由易到难、层层递进的顺序排列，通过设计模拟情景，结合企业的作业指导书编写学生的任务指导书，以任务指导书的形式引领学生完成学习任务。学生在完成任务的过程中可以参照技能指导，在任务完成后结合验收标准进行自评、互评，从而实现学生综合职业能力(专业能力、社会能力及方法能力)的提升。

本书共有六个项目，每个项目均涉及光通信中常用的光器件，且都具有完整性、独立性、实用性、可扩展性和可操作性。有的项目设计还有综合应用的拓展训练，学生在完成层层递进的典型光通信产品的生产实习教学过程中，从跟着老师做，学着做，到独立完成项目任务，突出了“做中教、做中学”的职业教育特色。本书编写图文并茂，通俗易懂，遵循中职学生的学习特点，贴近实践过程、技术流程，同时将技能训练、技术学习与理论知识有机结合，便于学生系统学习和掌握。

本书遵循技能人才培养规律，整体规划、统筹安排，构建服务于中高职衔接、职业教育与普通教育相互融通的现代职业教育体系。本书教学建议为84学时，采用项目式模块结构，可根据学生的学制和专业情况灵活取舍教学内容，各个项目实训的参考教学学时见下表。

项　目	内　容	课时分配		
		理论	实训	合计
项目一	光纤连接器制造	8	14	22
项目二	光纤耦合器制造	6	8	14
项目三	光波分复用器制造	4	6	10
项目四	光放大器	4	6	10
项目五	光源与光发射机	6	8	14
项目六	光电检测器	8	6	14
合计		36	48	84

本书由武汉市仪表电子学校的胡峥、郝小琳担任主编，胡峥负责全书的统稿；邵莉芬、程娟担任副主编。参与本书编写的还有武汉市仪表电子学校的刘晓竹、琚兰兰、周婷老师。其中，项目一、项目四由程娟老师编写；项目二、项目三由邵莉芬老师编写；项目五由刘晓竹老师编写；项目六由琚兰兰老师编写；各项目的拓展训练由周婷老师编写。

本书的编写得到了武汉华工正源光子技术有限公司、武汉天之逸科技有限公司的大力支持，企业的生产管理人员和技术人员在本书的编写过程中提供了技术支持和技能审定，为本书的顺利出版作出了突出贡献，在此表示诚挚感谢。

由于编者水平有限，书中难免有错误和不妥之处，恳请广大读者批评指正。

编　者

2018 年 6 月

目　录

1

光纤连接器制造

在光纤通信(传输)链路中,为了实现不同模块、设备和系统之间的灵活连接,必须有一种能在光纤与光纤之间进行可拆卸(活动)连接的器件,使光路能按所需通道进行传输,以达到期望或预定的目的和要求。我们将能够实现这种功能的器件称为光纤连接器。光纤连接器就是在一根光纤的两端加上连接头的器件。

光纤连接器是实现光纤与光纤之间可拆卸(活动)连接的器件,也是全世界用量最大的光无源器件。光纤连接器随着光通信、光传感器的不断发展,现在已经形成门类齐全、品种繁多的系列产品,并成为光通信、光传感器以及其他光纤领域中不可缺少的、应用最广泛的基础元件之一。光纤连接器是由十几种不同的原材料相互连接而成的,且每种原材料的结构不同。能熟练识别十种原材料及组装是学习连接器的基础要求,常见光纤连接器如图 1-1 所示。

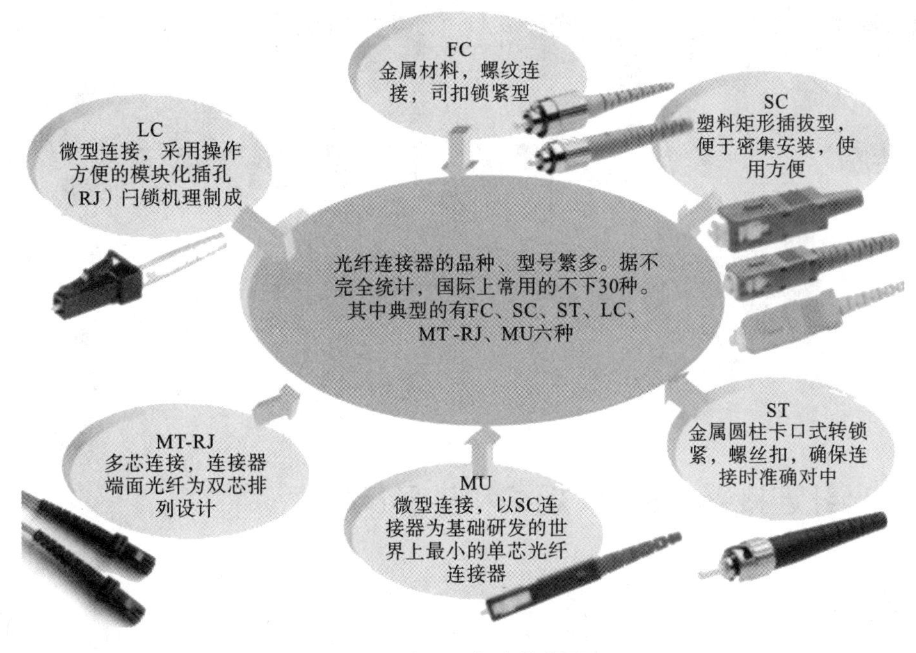

图 1-1　常见光纤连接器图示

任务一　认识光纤连接器

光纤连接器——实现光纤与光纤之间可拆卸(活动)连接的器件,它把光纤的两个端面精密对接起来,以保证发射光纤输出的光能量最大限度地耦合到接收光纤中去,并使由于其介入光链路而对系统造成的影响减到最小,这是光纤连接器的基本要求。在一定程度上,光纤连接器影响了光传输系统的可靠性和各项性能。

光纤连接器产品主要应用于以下几种情况(见图 1-2)。

(1) 光端机到光交接箱之间采用光纤跳线。

(2) 在光配线箱内采用法兰盘将光端机的跳线与引出光缆相连的尾纤连通。

(3) 各种光测试仪将光纤跳线一端固定在测试口上,另一端与测试点连接。

(4) 光端机内部采用尾纤与法兰盘相连以引出、引入光信号。

(5) 在光发射机内部,激光器的输出尾纤通过法兰盘与系统主干尾纤相连。

(6) 光分路器的输入、输出尾纤与法兰盘的活动连接。

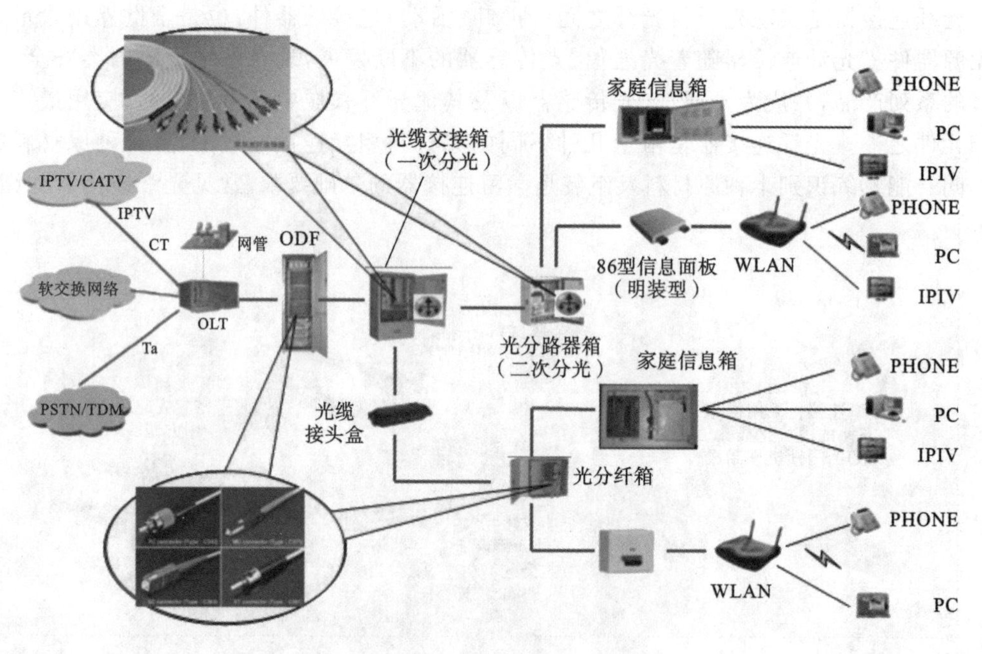

图 1-2　光纤到户与“三网合一”应用

一、光纤连接器的品种、规格和外形尺寸

光纤连接器按传输媒介的不同,可分为用常见的玻璃(SiO_2)光纤制作的单模连接器和多

模连接器，还有用其他如以塑胶等作为传输媒介的光纤连接器；按连接头结构形式的不同，可分为 FC、SC、ST、LC、D4、DIN、MU、MT 等各种形式。其中，ST 型连接器通常用于布线设备端，如光纤配线架、光纤模块等；而 SC 型连接器和 MT 型连接器通常用于网络设备端。按光纤端面形状的不同，可分为 FC、PC(包括 SPC 或 UPC)和 APC 等形式；按光纤芯数的不同，可分为单芯和多芯(如 MT-RJ)。光纤连接器应用广泛、品种繁多。

光纤连接器是由十种不同的原材料相互连接而成的，且每种原材料的结构不同。同学们需了解光纤的结构、相关的产品。

光纤连接器

光有源器件——内部具有电或光作用层，能实现光-电转换或电-光转换，或者其他光相互作用的光电子器件，即光-电-光的转换，如图 1-3(a)所示。

光无源器件——不必借助外部任何光或电的能量，自身就具有某种功能的器件，即只有光-光的转换，如图 1-3(b)所示。

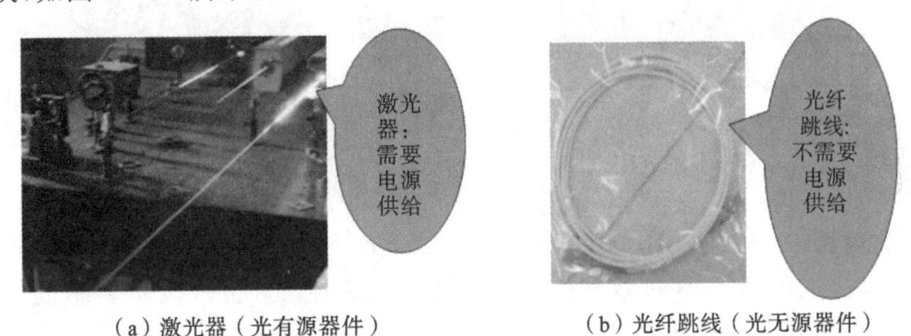

(a) 激光器(光有源器件)　(b) 光纤跳线(光无源器件)

图 1-3 光有源、无源器件

光纤链路的连接分为永久性连接和活动性连接两种。永久性连接大多采用熔接法、黏接法或采用固定连接器来实现；而活动性连接一般采用活动连接器来实现。许多中小型局域网用户和网络的边缘连接一般都属于活动性连接；而永久性连接一般由专业网络公司才能完成。

光纤连接器(见图 1-4)，俗称活接头，是用于光纤与光纤之间进行可拆卸(活动)连接的器件。它是把光纤的两个端面精密对接起来，以使发射光纤输出的光能量能最大限度地耦合到接收光纤中去，并使由于其介入光链路而对系统造成的影响减到最小。

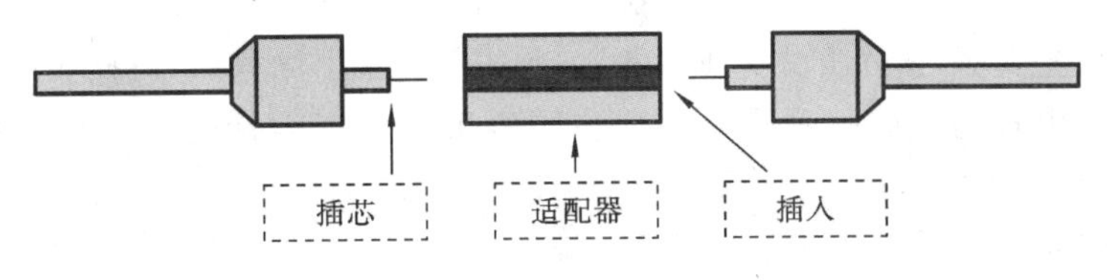

图 1-4 光纤连接器

光纤连接器是实现光纤之间能够活动连接的无源光器件，它还有将光纤与有源器件、光纤与无源器件、光纤与系统和仪表进行连接的功能，如图 1-5 所示。

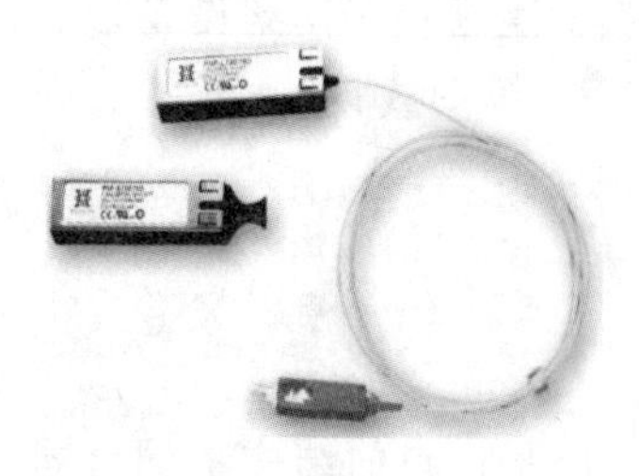

(a) 光纤与有源器件

(b) 光纤与无源器件

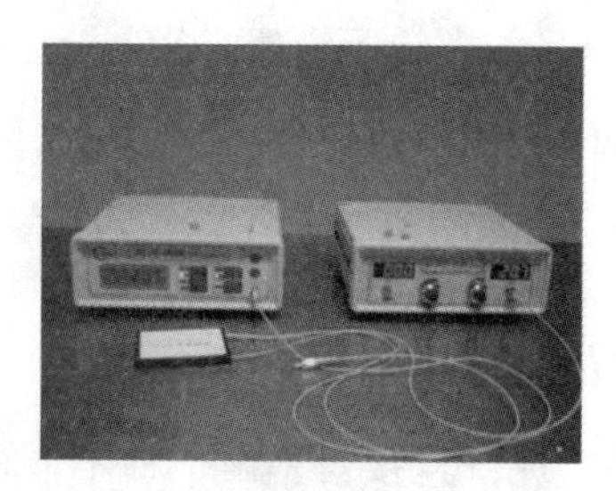

(c) 光纤与系统和仪表

图 1-5 光纤连接器的连接

我们将一根光纤(缆)的两头都装上插头，称为跳线，如图 1-6(a)所示；将一根光纤的一头装上插头，另一头为裸光纤，称为尾纤，如图 1-6(b)所示。

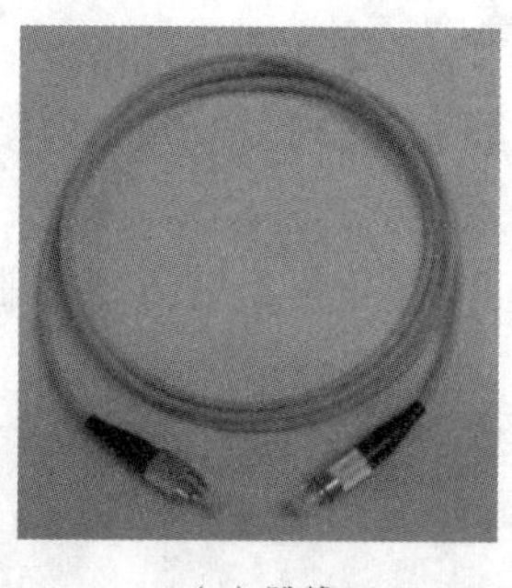

(a) 跳线

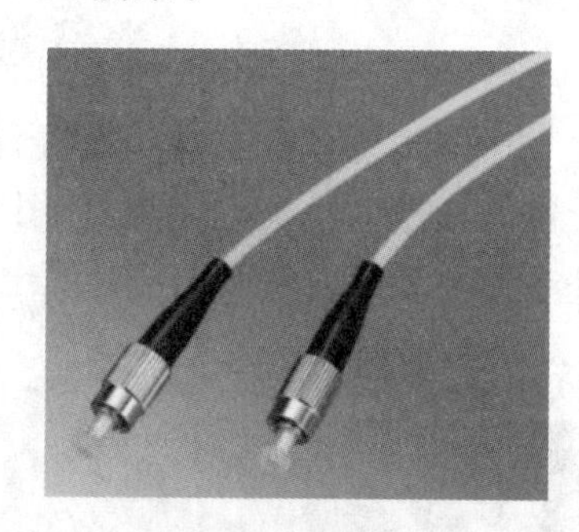

(b) 尾纤

图 1-6 光纤连接器的跳线和尾纤

在工程及仪表中，人们大量使用各种型号、规格的跳线。跳线中光纤(缆)两头的插头可以是同一型号的，也可以是不同型号的。跳线可以是单芯的，也可以是多芯的。不同型号、规格的光纤跳线如图 1-7 所示。

光纤跳线的品种、型号很多(见图 1-8)。在我国，使用最多的是 FC 型连接器，它是干线系统中采用的主要型号，在今后一段较长的时间内仍是主要品种。随着光纤局域网、CATV 和用户网的发展，SC 型连接器也将逐步推广使用。SC 型连接器具有使用方便、价格低廉的特点，可以密集安装，应用前景广阔。除此之外，ST 型连接器也有一定数量的应用。以下我们介绍其中几种光纤连接器。

1. FC 型连接器

FC 型连接器最早是由日本 NTT 研制的(见图 1-9)。FC 是 Ferrule Connector 的缩写，其外部加强采用金属套，紧固方式为螺丝扣 。此类型连接器结构简单、操作方便、制作容易，但光纤端面对微尘较为敏感。最早，FC 型连接器采用陶瓷插针的对接端面是平面接触方式。后来，该类型连接器做了改进，采用对接端面呈球面的插针(PC)，而外部结构没有改变，使得插入损耗性能和回波损耗性能有了较大幅度的提高。

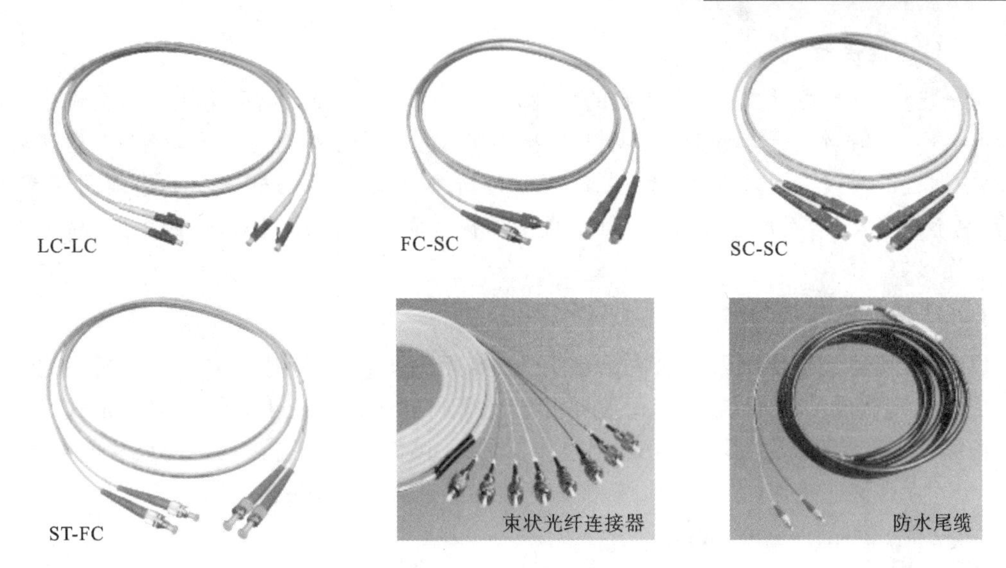

图 1-7 不同型号、规格的光纤跳线

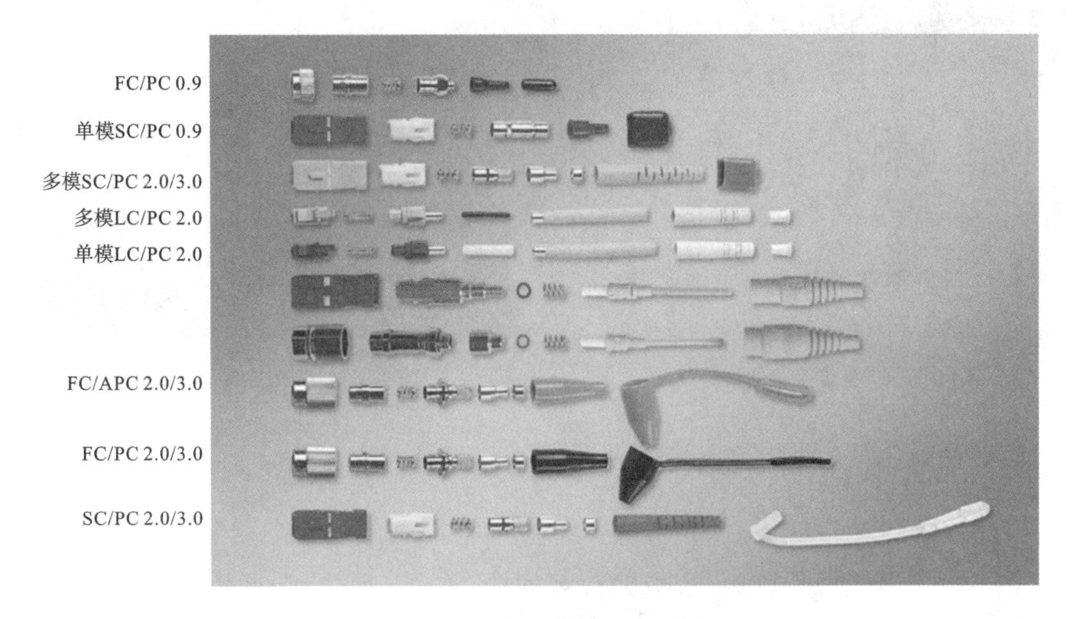

图 1-8 不同品种、型号光纤跳线散件

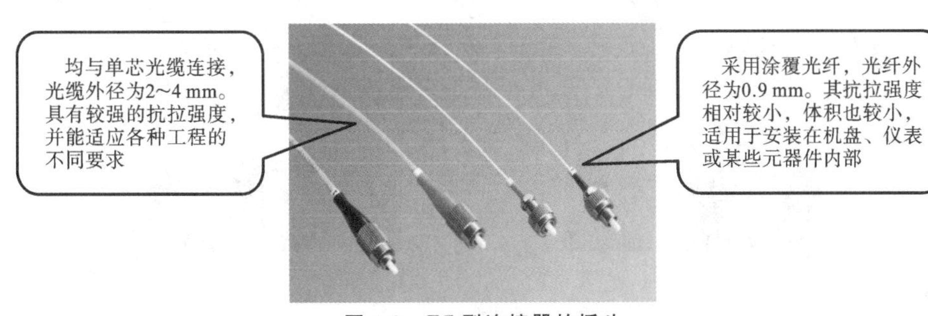

图 1-9 FC 型连接器的插头

2. SC型连接器

SC型连接器是由日本NTT研制的(见图1-10)。现在已经由国际电工委员会确定为国际标准器件。其插针、耦合套筒与FC型连接器的完全一样,外壳为矩形,采用工程塑料制作,其中插针的对接端面多采用PC型或APC型研磨方式,紧固方式采用插拔销闩式,无需旋转,便于密集安装,不用螺纹连接,可以直接插拔。而且其操作空间小、使用方便,可以做成多芯连接器。

3. LC型连接器

LC型连接器是由朗讯科技公司研制开发的(见图1-11),采用操作方便的模块化插孔(RJ)闩锁机理制成。早期推出的LC型连接器为了得到极低的反射,采用APC形式。其所采用的插针和套筒的尺寸是普通SC型连接器的尺寸,是FC型连接器所用尺寸的一半,即1.25 mm。LC型连接器的光电子设备传输速度能够达到10 Gbps。

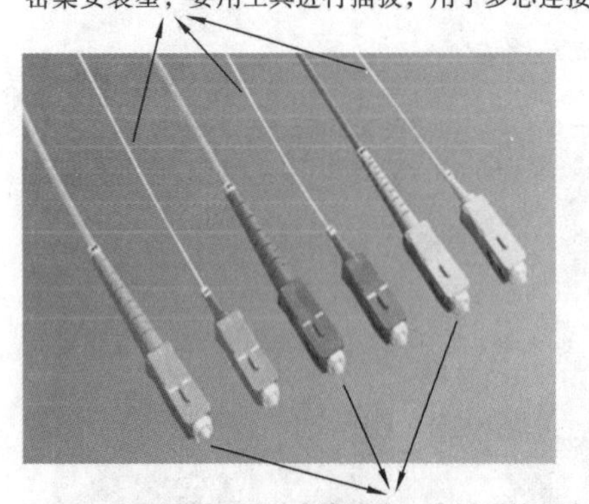

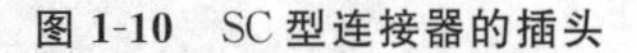
图1-10 SC型连接器的插头

图1-11 LC型连接器的插头

思考与练习

1. 填空题

(1) 光纤连接器是用于______与______之间进行______的器件。它是把______以使发射光纤输出的光能量最大限度地耦合到接收光纤中去。

(2) 光纤活动连接器可将光纤与______、光纤与______、光纤与______进行连接。

2. 请读数并记录结果

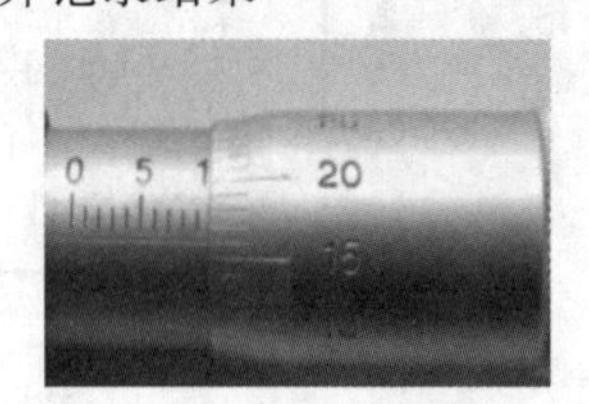

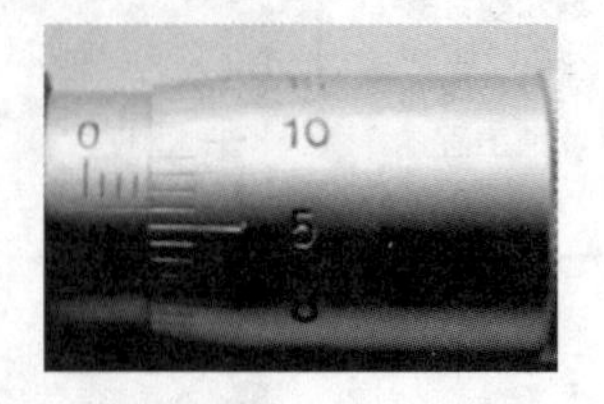

______________________　　______________________

二、光纤连接器的基本结构

模拟情境

光纤连接器的主要用途是实现光纤的接续。现在已经广泛应用在光纤通信系统中的光纤连接器,其种类繁多,结构各异。但细究起来,各种类型光纤连接器的基本结构是一致的,即绝大多数的光纤连接器一般采用高精密组件(由两个插针和一个耦合管共三个部分组成)来实现光纤的对准连接。

这种方法是将光纤穿入并固定在插针中,将插针表面进行抛光处理后,在耦合管中实现对准。插针的外组件采用金属或非金属的材料制作。插针的对接端必须进行研磨处理,另一端通常采用弯曲限制构件来支撑光纤或光纤软缆以释放应力。耦合管一般是由陶瓷、青铜等材料制成的两半合成的、紧固的圆筒形构件做成,多配有金属或塑料的法兰盘,以便于连接器的安装固定。为尽量精确地对准光纤,需要对插针和耦合管的加工精度要求很高。

任务分析

通过本任务的学习,需要掌握不同类型光纤连接器中各散件的特点,并熟悉光缆结构。要求同学们能够快速、准确地识别散件,并熟悉各散件的结构特点。

任务书

任务指导书

任务编号	1	任务名称	原材料的识别
任务目标	① ____________ ② ____________ ③ ____________		
仪器设备			
实施过程	(1) 整理制作 FC 型连接器的______种原材料。 (2) 识别散件。 ____________		

续表

实施过程	(3) 将缠绕两端光缆预留______cm,并用胶带固定好线圈。 注意:________________________________。
任务小结	

知识链接

光纤连接器的结构和常用的端面接触形式

1. 光纤连接器的结构和原理

光纤连接器的结构主要有:套管结构、双锥结构、V形槽结构、球面定心结构和透镜耦合结构。下面以套管结构为例加以说明。

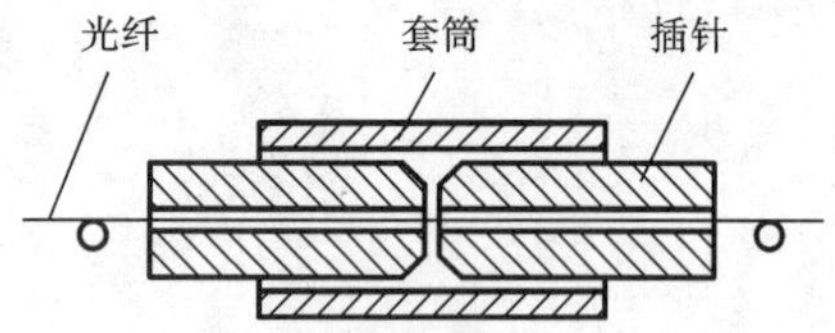

图1-12　光纤连接器的套管结构示意图

套管结构示意图,如图1-12所示,由插针和套筒两部分组成。

插针用来固定光纤,即将光纤固定在插针里,套筒用来确保两根光纤的对接。其工作原理:对光纤纤芯外圆柱面的同轴度、插针的外圆柱面和端面,以及套筒的内孔进行精密加工,使两根光纤在套筒中对接,从而确保两根光纤能很好地在套筒内对准,以实现两根光纤在套筒内的活动连接。

2. 光纤连接器常用的端面接触形式

目前广泛使用的光纤连接器有三种端面接触形式:FC型(face connect,平面接触型)、PC型(physical connect,物理接触型)、APC型(angle physical connect,角度物理接触型)。其结构如图1-13所示。

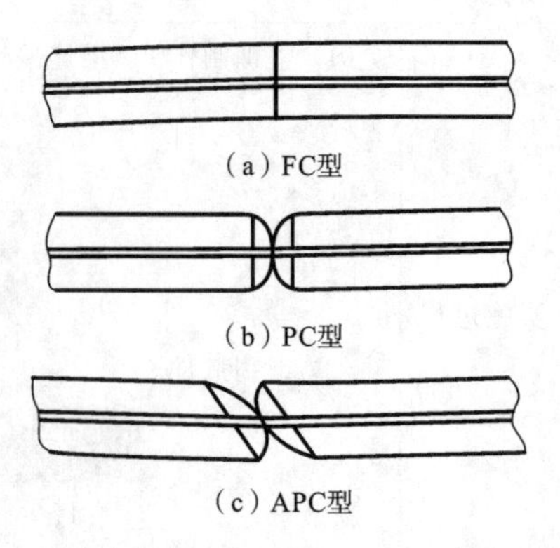

(a) FC型

(b) PC型

(c) APC型

图1-13　光纤连接器的端面接触形式

FC型连接端面为一垂直光纤芯轴,无凹凸不平的抛光平面(见图1-13(a))。这种结构的最大优点是加工简单、工艺成熟、成本低,因而获得广泛应用。但由于不是绝对平面,又有一定的公差,不能做到完全紧密接触,端面间总会存在一些间隙,会产生菲涅尔反射。菲涅尔反射除了会增加损耗外,还会返回光源,使光源输出不稳定。采用 PC 型和 APC 型连接器则可抑制反射波对光源的影响。

PC 型的端面如图 1-13(b)所示，插针体的端面为抛光球面，光纤纤芯位于球冠的中心。这样的结构可以使光纤纤芯进行紧密接触，由于减少了折射指数突变，从而减少了菲涅尔反射。一般平面接触型的反射损耗系数在 40 dB 左右，而 PC 型可达 48 dB。

APC 型的端面如图 1-13(c)所示，除了将光纤端面抛光成球面外，还使端面法线与轴线成一定的角度，使光难以返回光源，反射损耗系数可达 55 dB。

1. FC 型连接器

迅速识别十种原材料，如表 1-1 所示。

表 1-1 原材料名称

序号	实 物 图	名 称	序号	实 物 图	名 称
1		尾套	6		陶瓷插芯
2		圆环	7		止套
3		漏斗	8		外框套
4		主键	9		防尘帽
5		弹簧	10		光纤

2. 光纤整理

将缠绕两端光缆预留长度设为 30 cm，并用胶带固定好线圈，如图 1-14 所示。

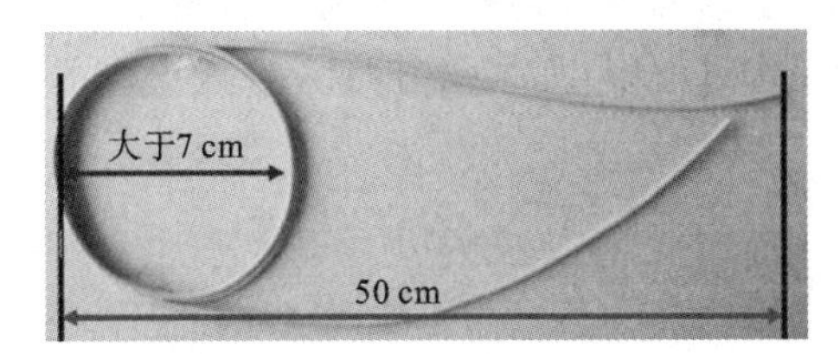

图 1-14 光纤整理

注意：弯曲直径大于 7 cm。

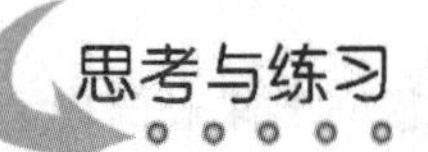

(1) 制作 FC 型光纤跳线需要哪十种原材料?

(2) 制作 SC 型光纤跳线需要哪七种原材料?

(3) 制作 LC 型光纤跳线需要哪八种原材料?

任务二　光纤连接器的前处理制作

连接器前处理工序是将各类物料按照一定的顺序和要求组装成半成品的工序。对于该工序,需要掌握下线、插芯注胶(包括 353ND 胶水的调制)、剥纤、穿纤固化、割纤刮胶、穿散件、组装半成品各项分工序的操作。具体流程如图 1-15 所示。

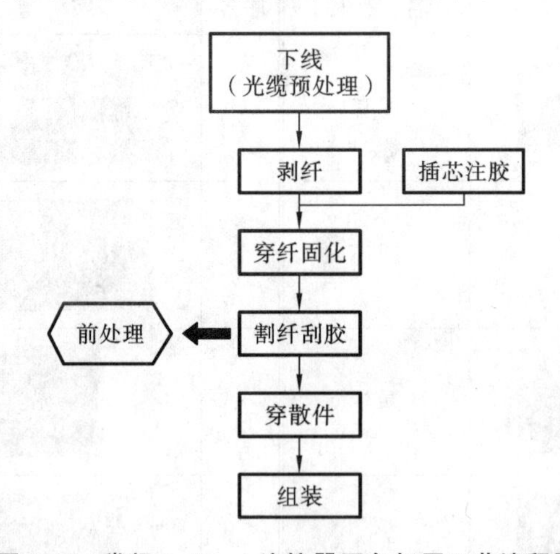

图 1-15　常规 0.9 mm 连接器四角加压工艺流程图

一、光纤连接器的光纤剥离

模拟情境

通过本任务的学习使学生掌握光纤连接器的前处理制作工艺。光纤的剥离技术是制造光纤跳线的重要技术。在制作过程中,如果没有熟练的剥纤技术和高清洁度,光纤的质量就无法保证(见图 1-16)。

任务分析

通过本任务的学习使同学们掌握光纤的基本结构,熟悉光纤的分类,掌握剥纤钳的使用方法,能够快速剥离光纤的塑料层、涂覆层,而不损伤光纤。

图 1-16 3.0 mm 光纤的结构

任务书

任务指导书

任务编号	2	任务名称	剥离光纤
任务目标	①______ ②______ ③______		
仪器设备			
实施过程	(1) 将黄色塑料层剥______,白色塑料层剥______。 (2) 将黄色塑料层对剥______。 把黄色塑料层对剥10 mm (3) 距剥离光纤切口端部______的位置,从______四个方向用手指轻轻拨动光纤,光纤弯曲要大于______,检查光纤是否有损伤。 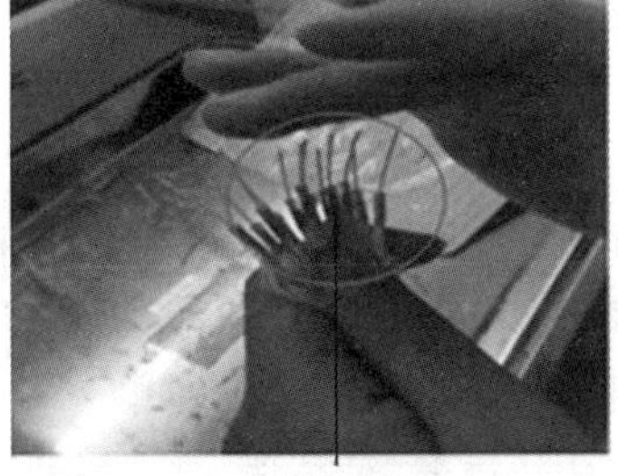		

续表

实施过程	(4) 拨完后用蘸有无水酒精的无尘纸将纤体擦拭干净。  (5) 剥下凯夫拉线，穿______、______。 
任务小结	

光　纤

1. 光纤的结构

光纤，即光导纤维，是一种利用光在玻璃或塑料制成的纤维中，依据全反射原理而制成的光传导介质。

光纤的结构主要包括：外皮、紧套层、涂覆层、包层、纤芯，如图 1-17 所示。

2. 光纤的分类

(1) 按传播方向分为行波和驻波。

在光纤波导中传播的光波称为导波光，其特征为：沿传播方向以行波的形式存在，而在垂直于传播方向上则以驻波的形式存在。因此，对于理想的平直光纤波导，在垂直于光传播方向的任一截面上，都具有相同的场分布图。这种场分布只取决于光纤波导的几何结构，是光纤固有属性的表征。

(2) 按模式分为单模和多模。

单模光纤是指只能传输基模，即只能传输一个最低模式的光纤，基模记为 HE_{11}。比基模高的其他模式都被截止。不是以单一基模传输，而是以其他任意一个模式传输的光纤都不能称为单模光纤。由于单模光纤是以基模作为单一模式传输，没有模间色散，只有模内色散。因此，其带宽比多模光纤高得多，是实现大容量、长距离传输的一种介质。

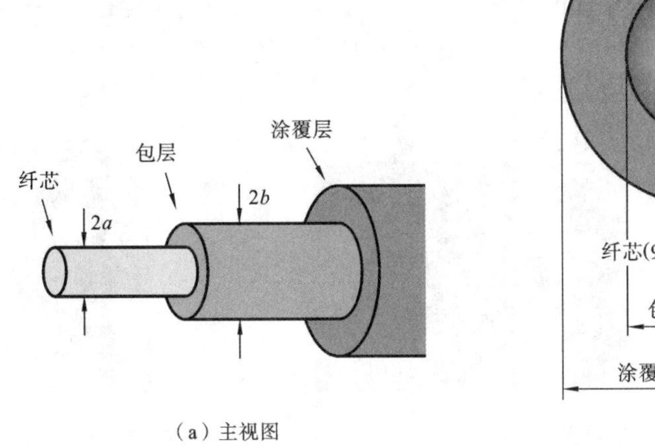

（a）主视图

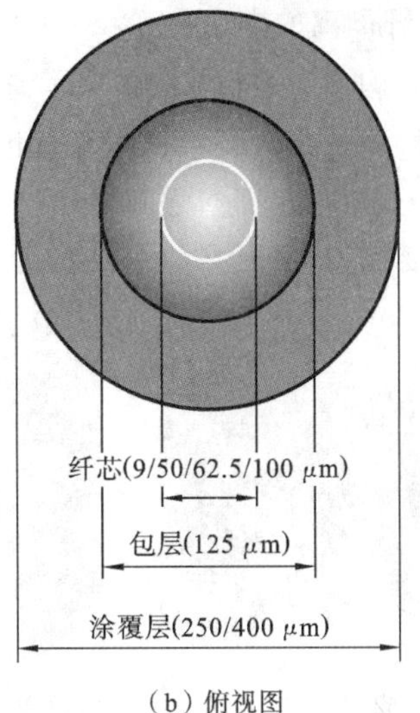

（b）俯视图

图 1-17 常规光纤示意图

多模光纤是指可以传输多种模式的光纤，也就是光纤传输的是一个模群，不同的模群有不同的群速度，即光经过光纤的传输会产生色散。多模光纤的色散包括模间色散和模内色散。因为单模光纤只有模内色散，所以多模光纤的色散比单模光纤的色散大。

（3）按折射率分布可分为阶跃和渐变。

阶跃光纤在纤芯中的折射率是均匀的，纤芯和包层的折射率均为常数，分别表示为 n_1 和 n_2（$n_1>n_2$）。

渐变光纤在纤芯中的折射率是变化的，包层折射率仍为 n_2，但纤芯折射率不再为常数，而是自纤轴沿半径 r 向外逐渐下降。在纤轴处（$r=0$）折射率最大（等于 n_1）；在纤壁处（$r=a$）折射率最小（等于 n_2）。

技能指导

1. 认识剥纤钳

剥纤钳有多种类型，如图 1-18 所示。

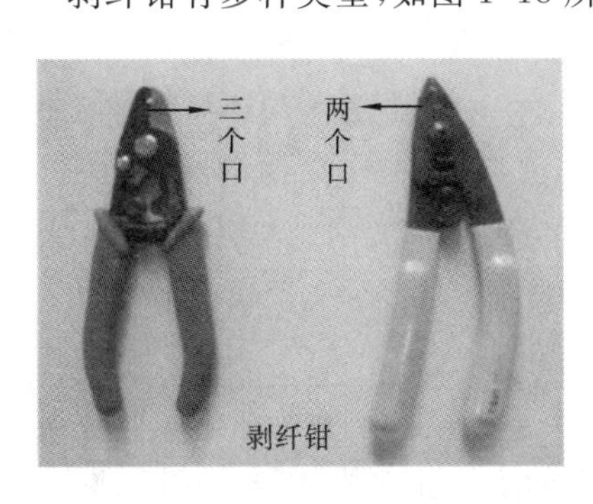

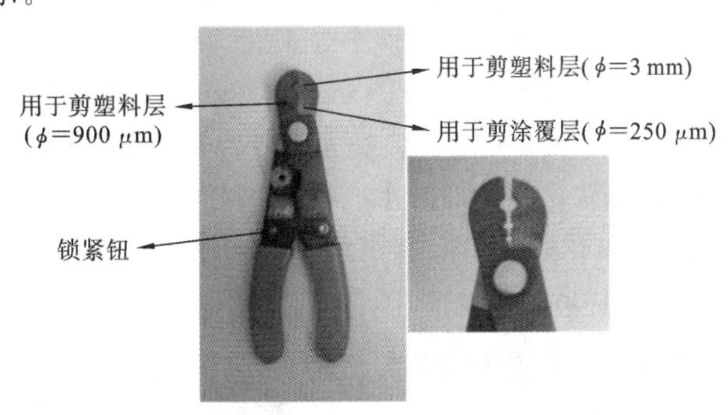

图 1-18 剥纤钳结构图

2. 光纤剥离的方法

光纤的剥离要掌握平、稳、快三字剥纤法。

平即持纤要平。左手拇指和食指捏紧光纤，水平放置光纤，所露长度以 5 cm 为准，余下的光纤在无名指、小拇指之间自然打弯，以增加力度，防止打滑，如图 1-19 所示。

稳即要握稳剥纤钳，如图 1-20 所示。

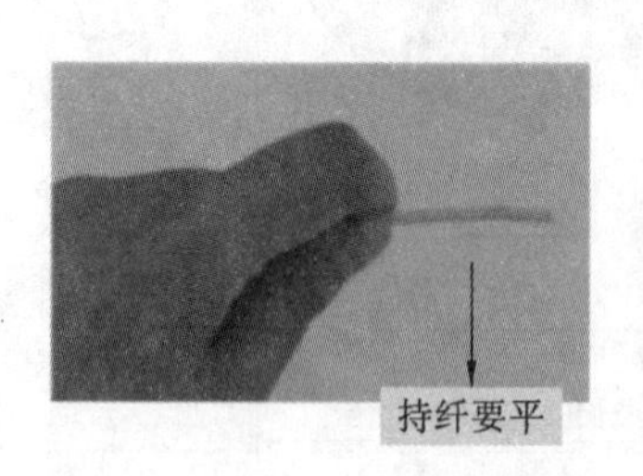

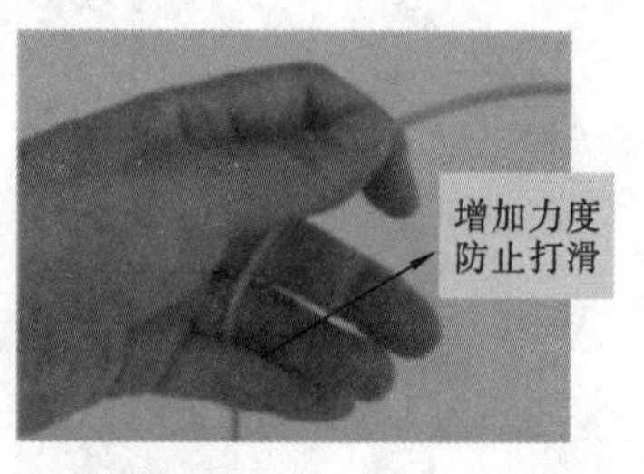

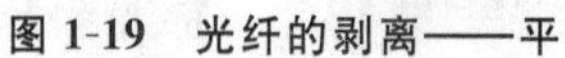
图 1-19 光纤的剥离——平

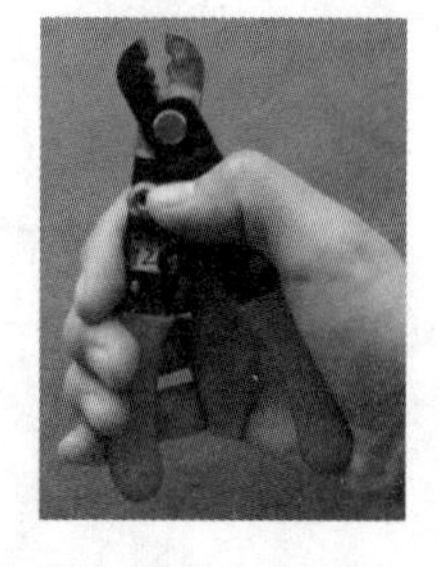

图 1-20 光纤的剥离——稳

快即剥纤要快，剥纤钳应与光纤垂直，右上方向内倾斜 45°，然后用钳口轻轻卡住光纤，右手随之用力，顺光纤轴向外平推出去，整个过程要动作流畅，一气呵成，如图 1-21 所示。

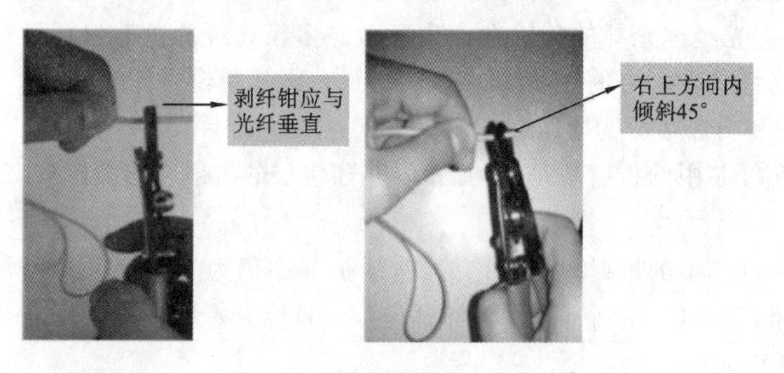

图 1-21 光纤的剥离——快

3. FC 型连接器剥纤

（1）将黄色塑料层剥 30 mm，白色塑料层剥 15 mm。

注意：① 注意保护剥好的光纤，不要碰到其他硬物。

② 要将操作过程中的垃圾收集起来，不得随意乱丢。

（2）将黄色塑料层对剥 10 mm。

（3）距剥纤切口端部 10 mm±2 mm 的位置，从前、后、左、右四个方向用手指轻轻拨动光纤，光纤弯曲要大于 45°，检查光纤是否有损伤。

（4）拨完后用蘸有无水酒精的无尘纸将纤体擦拭干净。

（5）剥下凯夫拉线，穿散件（主键、弹簧）。

4. 弹纤控制要求

用左手的拇指和食指轻轻握住光纤，距光纤管端口 10～15 mm 处，用右手食指将光纤向前、后两个方向各轻巧拨弹一次，弯曲角度与检验模板上的坐标比照为 45°～60°，如图 1-22 所示。

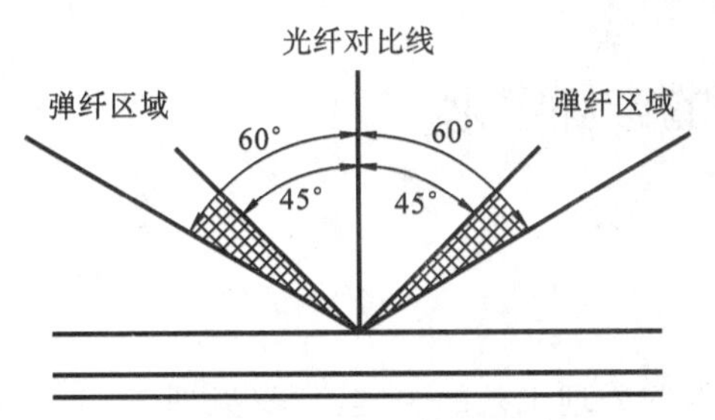

图 1-22　弹纤控制图

思考与练习

(1) 请判断以下操作是否正确，若不正确请指出错在哪里。

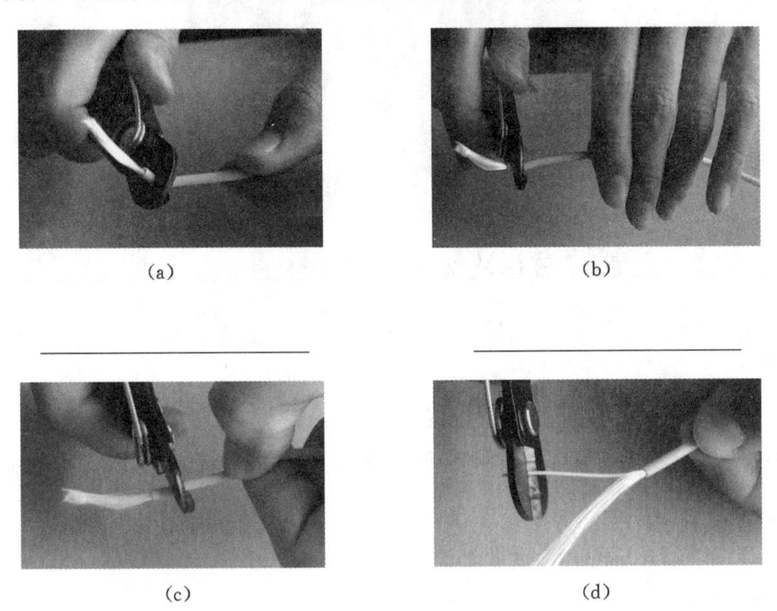

(a)　(b)

________________　________________

(c)　(d)

________________　________________

(2) 请判断以下操作是否正确，若不正确请指出错在哪里。

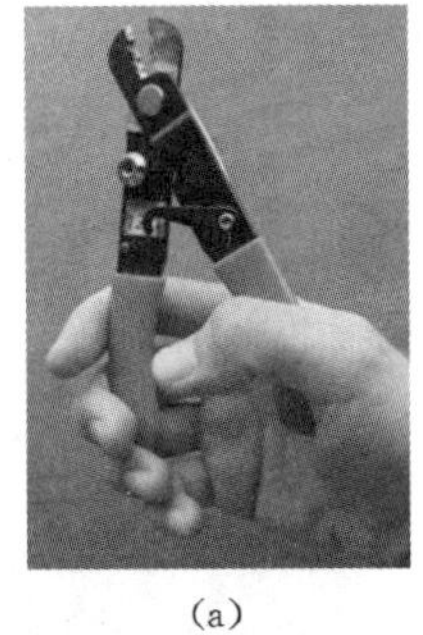

(a)

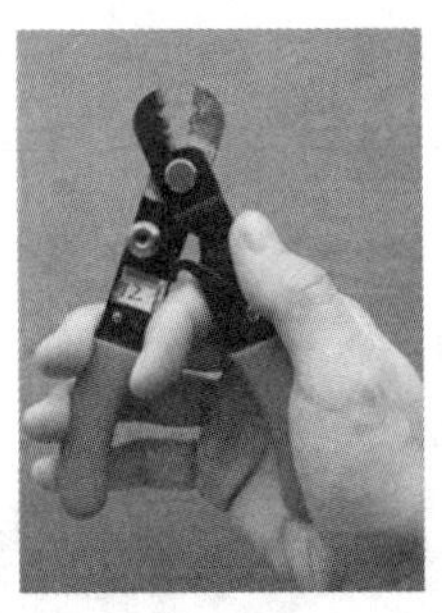

(b)

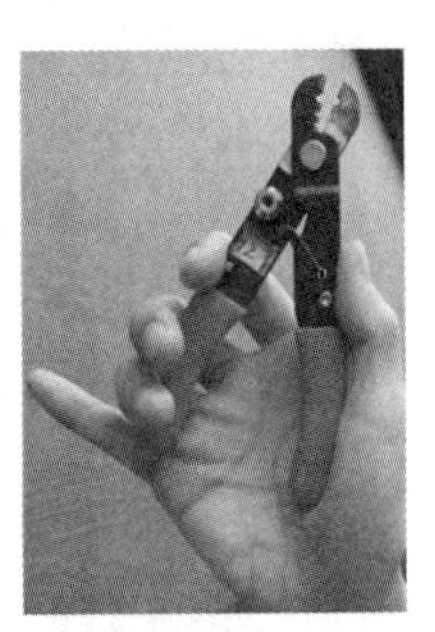

(c)

________________　________________　________________

二、光纤连接器的穿纤固化

模拟情境

穿纤固化是光纤连接器前处理工艺的关键流程(见图 1-23)。胶水制备和穿纤固化要求同学们按照正确的操作步骤进行,并注意操作细节,以免光纤断裂,同时需要同学们细致、耐心地完成。

图 1-23　光纤连接器的穿纤固化

任务分析

通过本任务的学习,要求同学们掌握光纤的传输特性,以及温度对光纤的影响,掌握胶水的调配比例,熟悉胶水的性能,掌握穿插芯的操作步骤,能够用固化炉对光纤进行固化。

任务书

任务指导书

任务编号	3	任务名称	穿纤固化
任务目标	①______________________________ ②______________________________ ③______________________________		
仪器设备			
实施过程	1. 穿插芯 (1) 右手平拿光纤,左手平拿陶瓷插芯,将光纤轻慢平缓地穿入陶瓷插芯中,直到不能再穿入为止,然后______,确定无断纤后再穿入。		

续表

实施过程	(2) 光纤完全插入后，将光纤微微滑动推出陶瓷插芯几次并转动陶瓷插芯，可让胶水______于陶瓷插芯内，多余的胶水用蘸有无水酒精的无尘纸擦掉。 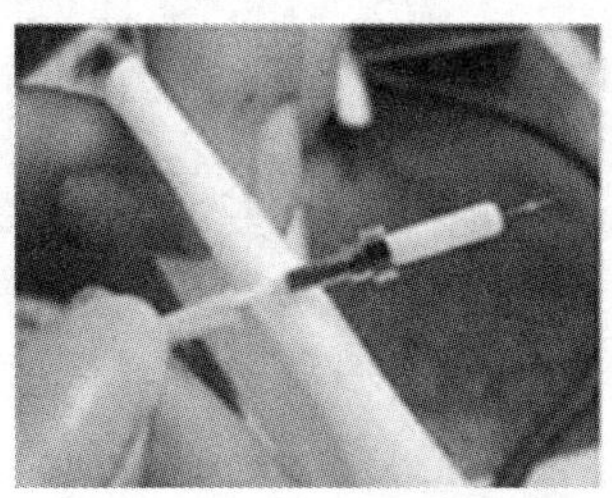 2. 装盘 (1) 将穿好陶瓷插芯的产品平直地放入固化炉槽中，尾座的顶部要接触到夹具的边缘。 (2) 检查______有无胶水保护。 (3) 放置好陶瓷插芯后，用胶带固定好光缆部分，防止晃动。 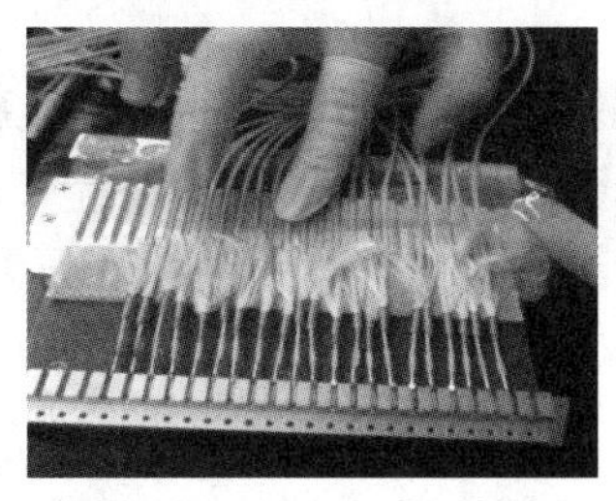 3. 加热固化 (1) 固化炉预热：在烘烤光纤之前，先开机预热，从室温加热到 100 ℃需要 1 h 左右。 (2) 根据产品要求设置固化炉温度，单模光纤的温度为______℃和时间为______ min；多模光纤的温度为______℃和时间为 30 min。 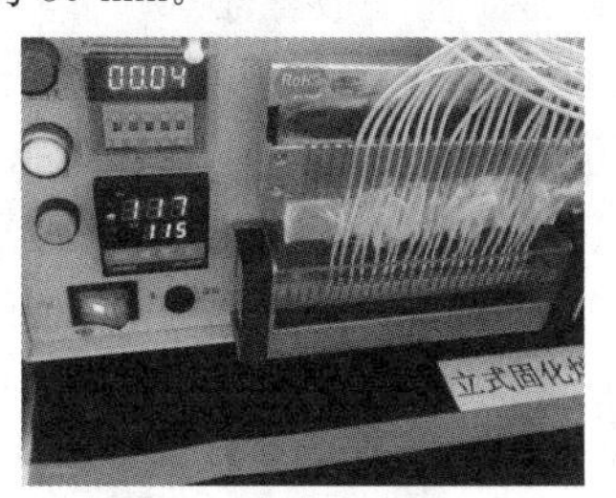 (3) 固化结束后，检查胶体颜色：固化好的胶体颜色应为______，淡黄色就表明没有完全固化。 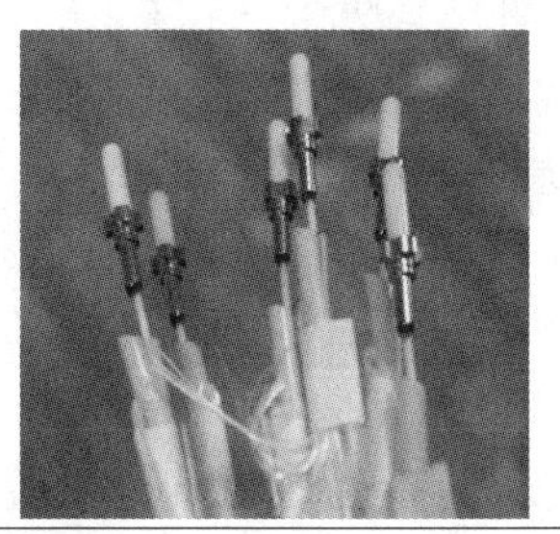
任务小结	

光纤的传输特性、机械特性和温度特性

光信号经光纤传输后要产生损耗和畸变(失真),因而输出信号和输入信号不同。对于脉冲信号,不仅要减小幅度,而且要展宽波形。产生信号畸变的主要原因是光纤中存在色散。损耗和色散是光纤最重要的传输特性。损耗限制系统的传输距离,色散限制系统的传输带宽。

1. 光纤的损耗

光纤传播的光能有一部分在光纤内部被吸收,有一部分辐射到光纤外部,使光能减少,产生损耗。光纤每公里的损耗,称为衰减系数,单位为 dB/km。衰减系数与波长的关系曲线称为衰减谱。

在衰减谱上,衰减系数的峰值,称为吸收峰。衰减系数较低时所对应的波长,称为窗口。常说的工作窗口主要指下列波长:$\lambda_0=0.85\ \mu m$、$\lambda_0=1.31\ \mu m$、$\lambda_0=1.55\ \mu m$。

引起光纤损耗的原因很多,归纳起来大致可以分为三大类:吸收损耗、散射损耗和弯曲损耗。

1) 吸收损耗

吸收损耗是指由于光纤材料的量子跃迁,使得光功率转换成热量。光纤的吸收损耗包括基质材料的本征吸收、杂质吸收和原子缺陷吸收。

(1) 本征吸收主要是紫外、红外电子跃迁与振动跃迁带引起的吸收,这种吸收带的尾端延伸到光纤通信波段,但引起的损耗一般很小(0.01~0.05 dB/km)。

(2) 杂质吸收主要是各种过渡金属离子(如 Fe^{3+}、Cu^{2+}、Ni^{3+}、Mn^{3+}、Cr^{6+} 等)的电子跃迁以及氢氧根离子(OH^-)的分子振动跃迁所引起的吸收,通过适当的光纤制备工艺可以得到纯度很高的光纤材料,使过渡金属离子的含量降到 ppb(10^{-9})量级以下,基本上可以消除金属离子引起的杂质吸收,而 OH^- 所引起的吸收则难以根除,它构成了光纤通信波段内的三个吸收峰(1.39 μm、1.24 μm 和 0.95 μm)和三个窗口(0.85 μm、1.31 μm 和 1.55 μm),其中 1.55 μm 是光纤的最低损耗波长,如图 1-24 所示。

(3) 原子缺陷吸收主要是光纤材料受到热辐射或光辐射作用所引起的吸收,对于以石英为纤芯材料的光纤,这种吸收可以忽略不计。

2) 散射损耗

散射损耗是光纤中由于某种远小于波长的不均匀性(如折射率不均匀、掺杂粒子浓度不均匀等)引起的对光的散射所造成的光功率损耗。散射损耗分为瑞利散射和非线性散射。

(1) 瑞利散射是指光波遇到与波长大小可以比拟的带有随机起伏的不均匀质点时所产生的散射。光时域反射仪(OTDR)就是通过被测光纤中产生的瑞利散射来工作的。

(2) 布里渊散射、受激拉曼散射是强光在光纤中引起的非线性散射,这种散射也产生损耗。

3) 弯曲损耗

由于在光纤敷设过程中,不可避免地会遇到需要弯曲的场合,光线从光纤的平直部分进

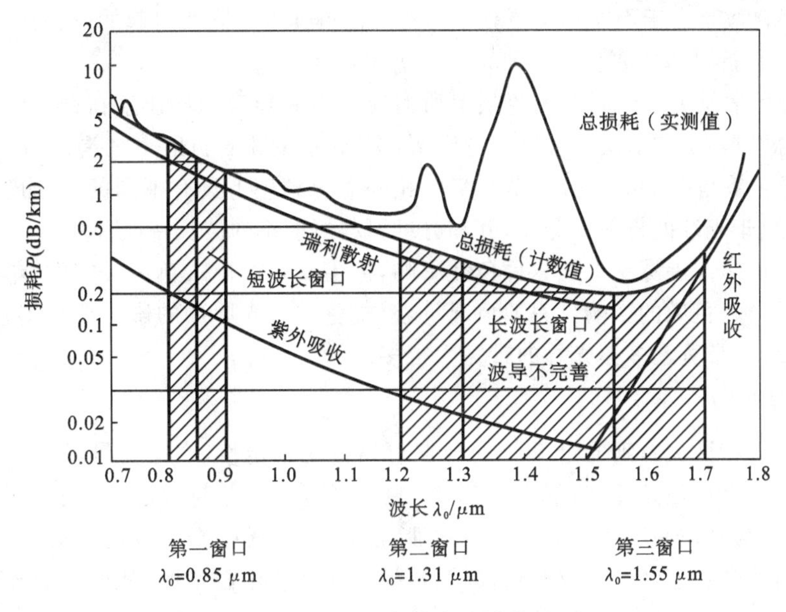

图 1-24 光纤的衰减特性

入弯曲部位时，原来的束缚光线在弯曲部位的入射角减小，使得光纤纤芯和包层界面上的全反射条件遭到破坏，光束的一部分就会从光纤的纤芯中逃离出去，造成到达目的地的光功率比从光源发出的进入光纤时的光功率小，这就是弯曲损耗，如图 1-25 所示。

图 1-25 弯曲损耗

弯曲损耗有两种形式，其中宏弯损耗是光信息传输衰减的主要原因之一，它与光纤敷设的弯曲半径有关，最小弯曲半径常作为光纤的一项参数给出。关于最小弯曲半径的经验数据：对于长期应用，弯曲半径应超出光纤包层直径的 150 倍；对于短期应用，弯曲半径应超出光纤包层直径的 100 倍。如果包层直径为 125 μm，则以上两个数值应分别约为 19 mm 和 13 mm。

弯曲损耗的另一种形式是微弯损耗，它是由光纤受到侧向应力而产生微小形变而引起的，同样因不满足全反射条件而造成能量的损耗。

利用光纤的弯曲损耗特性，我们可以在光纤链路上引入一些可控的衰减。在需要对光进行可控衰减时，通过将光纤绕几圈就可以实现，所绕圈数和半径均可控制衰减量。

2. 光纤的色散

从现象上看，色散导致光纤中的光信号在传输过程中产生失真，并随着传输距离的增加越来越严重。对数字传输而言，色散造成光脉冲的展宽，致使前后脉冲相互重叠，引起数字信号的码间串扰，造成误码率增加；对模拟传输而言，它会限制带宽，产生谐波失真，使得系统的信噪比下降。从理论上分析，色散是由于光脉冲的不同频率成分的传播速度（群速度）不同所导致的脉冲展宽。

光纤色散主要包括材料色散、波导色散和模式色散。

(1) 材料色散是由于不同的光源频率所对应的群速度不同所引起的脉冲展宽，这种色散取决于光纤材料折射率的波长特性和光源的谱线宽度。

(2) 波导色散是由于相同的光源频率所对应的同一导模的群速度在纤芯和包层中的不同所引起的脉冲展宽，它取决于波导尺寸和纤芯与包层的相对折射率之差。

(3) 模式色散是由于不同的导模在某一相同光源频率下具有不同的群速度所引起的脉冲展宽，它取决于光纤的折射率分布，并和光纤材料折射率的波长特性有关。

多模光纤的脉冲展宽受上述三种色散影响，但主要是由模式色散决定的；单模光纤的脉冲展宽主要受材料色散的影响。一般情况下，模式色散对光脉冲的影响比材料色散大得多。所以，单模光纤的带宽比多模光纤的带宽大得多。

3. 温度特性

光纤的温度特性关系到光纤系统的长期可靠性与稳定性，也是衡量光纤性能的重要参数，如上所述，为了加强光纤的机械性能，要在裸光纤丝（纤芯与包层）外表面加涂覆层和套塑层，而涂覆层与套塑层所用材料为有机树脂与塑料，其线膨胀系数比石英要大得多，因此在温度变化时就会收缩（低温）或伸长（高温），导致光纤产生微弯曲，从而引起光纤的附加衰减，图 1-26 所示为几种光纤的温度曲线。

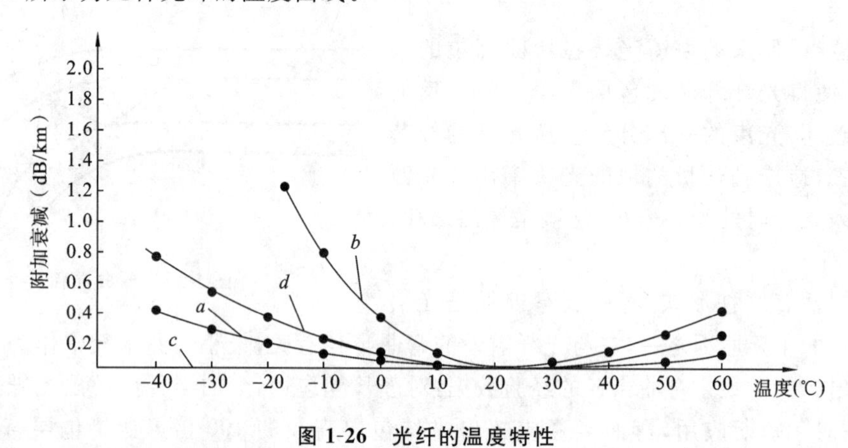

图 1-26 光纤的温度特性

曲线 a 为涂覆环氧丙烯酸酯树脂但未套塑的光纤。

曲线 b 为涂覆环氧丙烯酸酯树脂并松套聚丙烯的光纤。

曲线 c 为涂覆硅酮树脂但未套塑的光纤。

曲线 d 为涂覆硅酮树脂并紧套尼龙的光纤。

由图 1-26 可知，曲线 a 比曲线 c 的低温特性差，这是因为在低温下，环氧丙烯酸酯树脂变脆、变硬，致使损耗增加；曲线 b 由于聚丙烯在低温下收缩，致使光纤产生严重的微弯曲，导致其温度特性最差；曲线 d 由于硅酮树脂的缓冲作用，减小了套塑层在低温下收缩对光纤损耗的影响，使得温度特性得到了明显改善。

光纤的温度特性受到涂覆材料与套塑材料及其制作工艺的影响。因此，在光纤的设计制备中，要合理地选择涂覆和套塑材料，以及涂覆层与套塑层的厚度和其他相关工艺，利用涂覆层来缓冲套塑层引起的微弯曲。因此，人们也在研究及采用其他涂覆和套塑材料，以满足对于温度特性有特殊要求的场合。

技能指导

1. 胶水简介

TA737 光纤黏接剂是美国 Epoxy Technology 公司研制开发并生产的产品，适用于光通信器件的生产，广泛应用在光纤连接器的生产中。

EPO-TEK TA737 是双组分，100%实体，是为高温条件下研制的一种热固化环氧树脂胶，虽然 EPO-TEK TA737 设计是能够在 100 ℃下连续工作，但它在 300～400 ℃也能正常工作若干分钟，EPO-TEK TA737 对多种溶剂和化学品具有良好的抵抗性，是一种理想的用于绑定光纤、金属、玻璃、陶瓷和多数塑料的黏接剂。

EPO-TEK TA737 具有的性能：混合后寿命长；易操作；皮肤过敏性低；易渗入光纤束中；固化时颜色从琥珀色变成深红色。

EPO-TEK TA737 一般被用于薄膜或厚膜，需要应用于其他超厚断面时，应在室温或略高于室温时变成胶状体时使用，然后升高温度完全固化。

EPO-TEK TA737 适用于涂刷、点滴、浇灌或者机械滴胶工艺上。

353ND 胶水(学名为环氧树脂胶)由 A 胶和 B 胶组成，调配比例为 10∶1。条件允许的话建议使用载玻片和电子天平，从而达到一定的准确度。胶水调配后使用时间为 4～5 h，在空气中放置过长时间，胶水会慢慢变成固态，不易使用。

2. 穿陶瓷插芯

(1) 右手平拿光纤，左手平拿陶瓷插芯，将光纤轻慢平缓地穿入陶瓷插芯中，直到不能再穿入为止，然后回纤 1～2 mm，确定无断纤后再穿入。

(2) 光纤完全插入后，将光纤微微滑动推出陶瓷插芯几次并转动陶瓷插芯，可让胶水均匀分布于陶瓷插芯内，多余的胶水用蘸有无水酒精的无尘纸擦掉。

3. 装盘

(1) 将穿好陶瓷插芯的产品平直地放入固化炉槽中，尾座的顶部要接触到夹具的边缘。

(2) 检查光纤露出陶瓷插芯前段处有无胶水保护。

(3) 放置好陶瓷插芯后，用胶带固定好光缆部分，防止晃动。

4. 加热固化

(1) 固化炉预热：在烘烤光纤之前，先开机预热，从室温加热到 100℃需要 1 h 左右。

(2) 根据产品要求设置固化炉温度，单模光纤的温度为(115±10) ℃和时间为 30 min；多模光纤的温度为(95±10) ℃和时间为 30 min。

(3) 固化结束后，检查胶体颜色。固化好的胶体颜色应为深红色，淡黄色就表明没有完全固化。

思考与练习

1. 选择题

(1) 光纤纤体的可使用温度范围为(　　)。

A. 0～100 ℃　　B. －20～100 ℃　　C. －20～120 ℃　　D. 0～120 ℃

(2) 陶瓷插芯内的胶水烘烤完后会变成(　　)色。

A. 红褐　　B. 透明　　C. 黄

2. 判断题

(1) 点胶时，点胶的部分呈 45°锥面为佳，否则需要补胶。(　　)

(2) 穿陶瓷插芯后，若有胶水残留，则可用蘸有无水酒精的无尘纸擦掉。(　　)

任务三　光纤连接器的研磨、端面检测

学生能够使用研磨机研磨光纤端面，并熟练掌握光纤端面检测仪的操作步骤，以及对端面不良影响进行分析。请学生自行组装一根光纤跳线，如图 1-27 所示，并熟练掌握制作的流程。

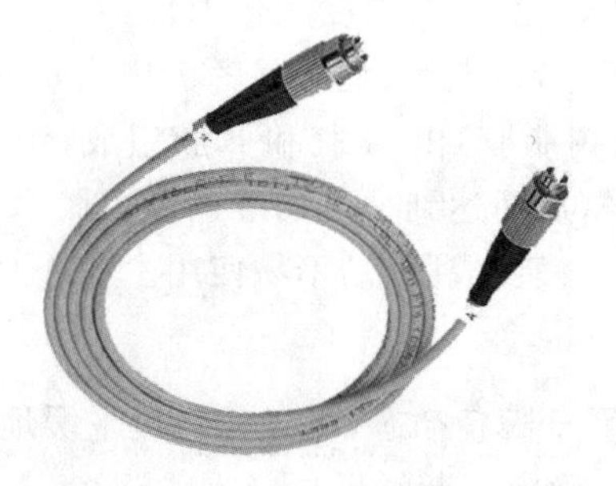

图 1-27　光纤跳线成品图

一、光纤连接器的研磨

光纤研磨是光纤连接器前处理工序完成后的磨光流程，这是一项技术含量很高的复杂工艺。任务如下。

(1) 用研磨机完成光纤端面的研磨。

(2) 分析研磨机的运转稳定性、研磨砂纸颗粒均匀性，以及掌握研磨片的正确使用方法和研磨参数设置(压力和时间)等主要因素对光纤端面研磨效果的影响。

通过本任务的学习使同学们掌握光纤端面研磨工艺的原理，熟悉研磨抛光的方法，熟练掌握光纤端面切割的操作步骤，以及能用研磨机对光纤端面进行研磨。

任务指导书

任务编号	4	任务名称	光纤端面的研磨
任务目标	①______ ②______		
仪器设备			

实施过程

1. 切割光纤

(1) 将光纤连接器小心拿出、冷却(注意会非常烫)，置于平面物体上。

(2) 将连接头朝上，然后使用切割刀，划于树脂滴的______，再沿截痕______上端的光纤。

8~13 mm

切割根部　　轻推，使之自然崩断

2. 装插芯

(1) 将研磨夹具放置在______上，用扳手松开夹具上的内六角螺钉，依次按顺序松开各侧面的螺钉。

(2) 将要加工的插芯面向下放入夹紧部位的______中，使每个插芯端面紧贴等高器的表面。

(3) 用扳手拧紧螺钉，使插芯紧固在夹具的 V 形槽中。

(4) 将插芯上的光缆分成______，分别用线夹夹住，形成两股。

3. 研磨

研磨步骤	研磨砂纸	研磨液	研磨时间
第一道研磨	9 μm 砂纸	水	
第二道研磨	3 μm 砂纸	水	1 min 40 s
第三道研磨	1 μm 砂纸	水	1 min 40 s
第四道研磨	0.02 μm 砂纸		1 min 40 s

任务小结

光纤连接器的研磨原理

1. 研磨目的

（1）表面质量好。无划痕、斑点、凹坑、裂缝、胶圈等。

（2）几何尺寸符合要求。曲率半径、顶点偏移、光纤高度等。

2. 光纤端面要求

为保证光纤连接器的质量，研磨必须满足以下要求。

（1）材料之间的摩擦作用。

（2）用带不同粗细颗粒的研磨纸，从粗到细摩擦插芯材料。

（3）用一定硬度的研磨垫，使插针成球形。

（4）用精度很高的机器和夹具保障球形端面对称。

3. 研磨原理

在开始研磨时，由于插针棱角部分先受力，磨损很快；在研磨过程中，随着球面的逐渐形成，支持力也逐渐分布开来；在研磨后期，支持力逐渐趋于大致均匀分布，压力和支持力达到平衡，如图 1-28 所示。

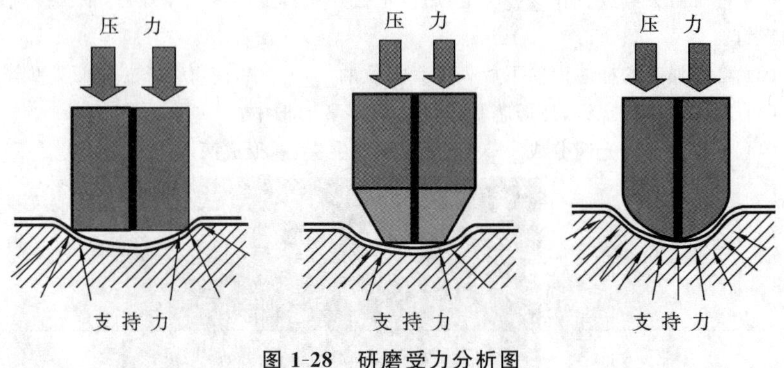

图 1-28 研磨受力分析图

4. 研磨工艺

端面研磨过程经过四道工序：粗磨、细磨、精磨、抛光，每道工序所用金刚砂纸的颗粒大小也不同。

粗磨、细磨：使研磨面初步形成球形，去除黑点，这道研磨工序对曲率半径和顶点的影响最大。

精磨：抛光端面，使端面光滑，无较明显的黑白点和划痕。

抛光：去掉研磨面划痕，形成研磨面光纤高度。

技能指导

1. 认识研磨机

研磨机外形如图 1-29 所示，设备参数如下。

- 研磨底盘外径：112 mm、127 mm。
- 机器净重：28 kg。
- 机器尺寸：450 mm×220 mm×500 mm。
- 研磨时间设定：99 min 99 s(最大值)。
- 研磨底盘转速：15～200 rpm。
- 电源：AC220 V，50 Hz。

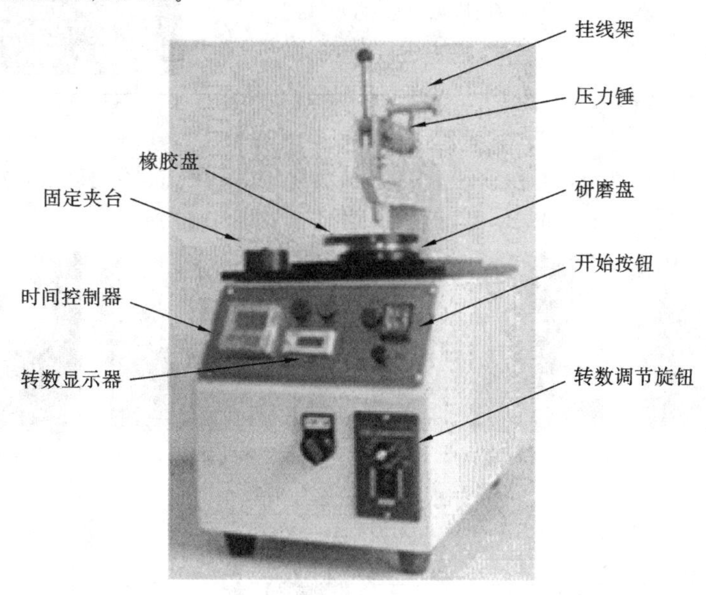

图 1-29 研磨机

2. 认识工装夹具

研磨夹具分为 1.25 插芯研磨夹具、2.5 插芯研磨夹具和 APC 研磨夹具，具体如表 1-2 所示。

表 1-2 不同类型的研磨夹具

名　称	适用跳线	图　片
1.25 插芯研磨夹具	用于 LC/MU——PC/UPC 型连接器，直径为 1.25 mm 的陶瓷插芯研磨装夹，一次可研磨 12 个插芯	
2.5 插芯研磨夹具	用于 SC/FC/ST——PC/UPC 型连接器，直径为 2.5 mm 的陶瓷插芯研磨装夹，一次可研磨 12 个插芯	

续表

名　　称	适用跳线	图　　片
APC 研磨夹具	用于 SC/FC——APC 型连接器，直径为 2.5 mm 的陶瓷插芯研磨装夹，一次可研磨 12 个插芯	

3. 研磨砂纸

研磨砂纸按材质分为：金钢砂(石)、碳化硅、氧化铝、氧化铈、氧化硅等，按颗粒大小分为 9 μm、3 μm、1 μm、0.02 μm 抛光片等，部分研磨砂纸如图 1-30 所示。

9 μm金钢砂

3 μm金钢砂

1 μm金钢砂

0.02 μm金钢砂/抛光片

图 1-30　研磨砂纸

4. 切割光纤

(1) 将光纤连接器小心拿出、冷却(注意会非常烫)，置于平面物体上。

(2) 将连接头朝上，然后使用切割刀，划于树脂滴的顶端，再沿截痕推折上端的光纤。

5. 装插芯

(1) 将研磨夹具放置在等高器上，用扳手松开夹具上的内六角螺钉，依次按顺序松开各侧面的螺钉。

(2) 将要加工的插芯面向下放入夹紧部位的 V 形槽中，使每个插芯端面紧贴等高器的表面。注意：放置插芯时，应根据插芯的数量来确定放置的方位。

(3) 用扳手拧紧螺钉，使插芯紧固在夹具的 V 形槽中。注意：应确认所有的插芯夹紧牢固、到位，不得有松动、晃动现象。

(4) 将插芯上的光缆分成均衡的两组，分别用线夹夹住，形成两股。

6. 研磨

研磨步骤有四道工序，具体步骤如表 1-3 所示。

表 1-3　研磨步骤

研磨步骤	研磨砂纸	研磨液	研磨时间	研磨砂纸寿命
第一道研磨	9 μm 砂纸	水	3 min 20 s	每 7 次时间增加 10 s，可用 30～40 次(12 芯)
第二道研磨	3μm 砂纸	水	1 min 40 s	每 5 次时间增加 10 s，可用 25～30 次(12 芯)
第三道研磨	1μm 砂纸	水	1 min 40 s	每 5 次时间增加 10 s，可用 25～30 次(12 芯)
第四道研磨	0.02μm 砂纸	研磨液	1 min 40 s	每 7 次时间增加 10 s，可用 30～40 次(12 芯)

思考与练习

1. 选择题

(1) 研磨工序有(　　)工序，研磨液分别是(　　)。

A. 四道；水、水、水、水

B. 五道；水、水、水、酒精

C. 四道；水、水、水、酒精

D. 五道；水、水、水、水

(2) 在光纤端面的研磨中，第(　　)道研磨是在给陶瓷端面抛光。

A. 一　　B. 二　　C. 三　　D. 四

2. 填表题

研磨步骤	研磨砂纸	研磨液	研磨时间
第一道研磨	μm 砂纸		
第二道研磨	μm 砂纸		
第三道研磨	μm 砂纸		
第四道研磨	μm 砂纸		

3. 填空题

(1) 研磨时，一个研磨夹具最多可同时研磨______根光纤跳线。

(2) 陶瓷插芯的内径为______。

二、光纤连接器的端面检测

模拟情境

研磨好的端面必须用端面检测仪检测，才能够对光纤端面进行质量分析，同学们要学会用端面质量接收标准进行评价，并了解导致研磨质量不良的原因。对于研磨的质量，以下几点不容忽视。

(1) 砂粒大小不均很容易造成端面划痕。

(2) 砂粒寿命不稳定会造成每片砂纸的可使用次数不稳定，也会导致对优质研磨方案的操控更加困难。

(3) 研磨片的厚度是否均匀，及其对不同研磨机和运转速度的适应性等因素会影响最终的研磨效果。

任务分析

通过本任务的学习，同学们应掌握端面研磨质量不良的原因和端面质量接收标准，熟练掌握光纤端面检测仪的操作步骤，并能够对光纤端面进行质量分析。

任务书

任务指导书

<table>
<tr><td>任务编号</td><td>5</td><td>任务名称</td><td>光纤端面的检测</td></tr>
<tr><td>任务目标</td><td colspan="3">①______
②______</td></tr>
<tr><td>仪器设备</td><td colspan="3"></td></tr>
<tr><td>实施过程</td><td colspan="3">(1) 去掉要检查的连接器一端的______。
(2) 把连接器一端插芯插入光纤端面检测仪的______中，另一端对准______。
2.5 mm插芯通光孔　1.25 mm插芯通光孔
(3) 如果在监视器视野内不能看到插针端面，则调整放大镜的位置及旋钮，直到插针端面的图形全部进入视野内。
(4) 调整放大镜的焦距到合适位置，使得插针的端面图形达到最清晰。
(5) 检查插针端面，对于研磨效果很好的连接器，其端面应该是圆形的、光洁的，______。如果端面有灰尘(或瑕疵)，则用镜头纸(无毛软纸)蘸无水酒精擦拭，直到表面没有灰尘为止。</td></tr>
<tr><td>任务小结</td><td colspan="3"></td></tr>
</table>

光纤端面质量分析

把光纤端面分成如图 1-31 所示区域。

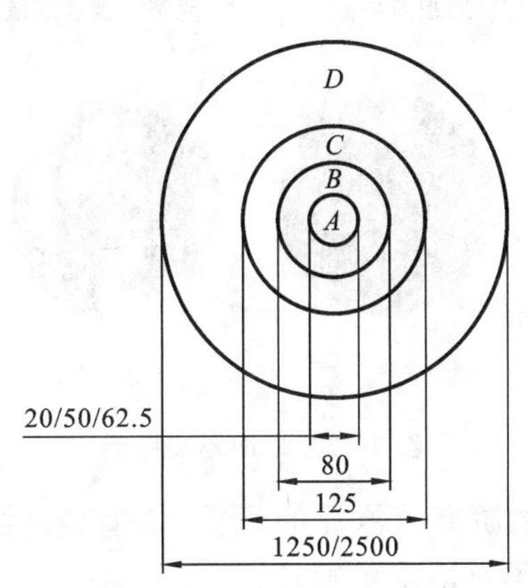

图 1-31 光纤端面区域图示

对于 200 倍、400 倍或 800 倍的光纤端面检测仪，允许的接收标准如表 1-4 所示。

表 1-4 单模 PC 和单模 APC 插芯端面判断标准

不合格类型	A 区域 （纤芯区域） （<20 μm）	B 区域 （涂覆层） （20～80 μm ）	C 区域 （接触区域） （80～125 μm ）	D 区域 （陶瓷区域） （125～1250/2500 μm ）
划痕（宽度）	无	≤1 μm，允许 1 条	≤2 μm，允许 2 条	允许
不可擦拭物（直径）	无	≤1 μm，允许 1 个	≤2 μm，允许 2 个	>3 μm，无
斑点	无	≤1 μm，允许 1 个	≤2 μm，允许 2 个	>3 μm，无
崩口（直径）	无	无	无	≤3 μm，允许 2 个
碰伤/可擦除物	无	无	无	无
胶边	宽度≤3 μm，长度≤1/2 圈，斑点>2 μm，无			

端面研磨检查现象，如图 1-32 所示。

（1）划痕。划痕一般出现在光纤和插芯端面上，呈白色或黑色直线。其一般是因为研磨不彻底或研磨时有脏物导致的。

（2）裂纹。其形状不规则、呈黑色，实际上是光纤整个端面从某处开裂将光纤分为两个区域。

（3）缺口。光纤包层上的大块石英玻璃被切掉，一般发生在割纤的时候。

（4）纤芯月芽。纤芯上有一轮弯月形的、淡淡的黑影，一般是因为固化时温度太高或固化时间过长造成的纤芯膨胀受压太大而致局部受损。

（5）斑点/凹陷/污损。端面上的小凹陷或小块状物，一般发生在研磨过程中。

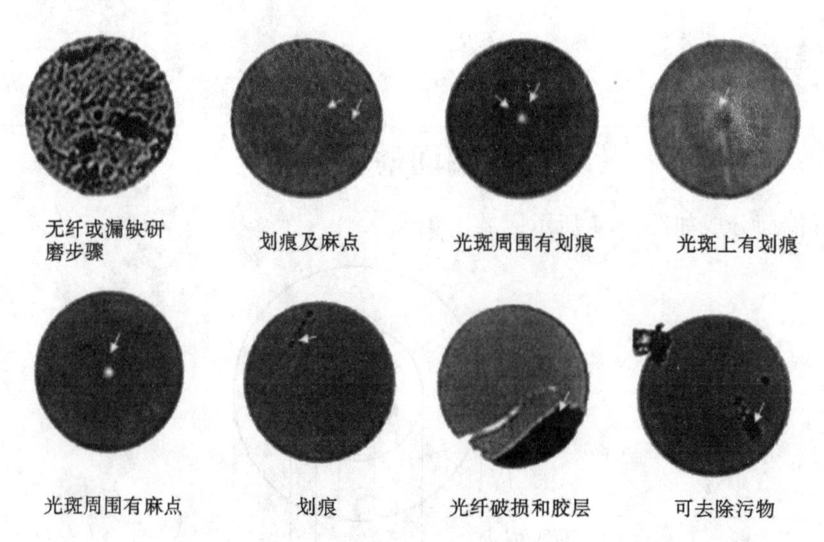

图 1-32 端面不良图示

(6) 污物/微粒。可清除的游离或漂浮的污物，如尘埃、切削残留物等。微粒是一种吸附在光纤端面上或在凹陷内、不可清除的颗粒。

(7) 胶环。插芯的孔径偏大或包层的直径偏小，在光纤与插芯的结合处就会出现明显的胶环。如果胶环分布均匀，对端面的同心度影响小；如果胶环较大又明显地偏向一边，则对端面的同心度影响大。

(8) 崩缺。插芯内圆周或光纤包层外圆周边缘的缺口，面积较大且不表现为点状。

(9) 缩纤。因穿纤固化未将光纤穿出插芯，或在固化胶为液状时扯动光纤导致缩纤，为灰白色端面图像，端面不平整。

1. 认识端面检测仪

端面检测仪可把光纤端面放大，可放大 600、400、200、80 倍，如图 1-33 所示。

图 1-33 端面检测仪

2. 端面检测仪的使用

(1) 去掉要检查的连接器一端的防尘帽。

(2) 把连接器一端插芯插入光纤端面检测仪的适配器中，另一端对准通光孔。

(3) 如果在监视器视野内不能看到插针端面，则调整放大镜的位置及旋钮，直到插针端面的图形全部进入视野内。

(4) 调整放大镜的焦距到合适位置，使得插针的端面图形达到最清晰。

(5) 检查插针端面，对于研磨效果很好的连接器。其端面应该是圆形的、光洁的，光纤芯与插针的端面齐平，并呈现同心圆环形状。如果端面有灰尘（或瑕疵），则用镜头纸（无毛软纸）蘸无水酒精擦拭，直到表面没有灰尘为止。

分析图 1-34 所示端面质量，并说明原因。

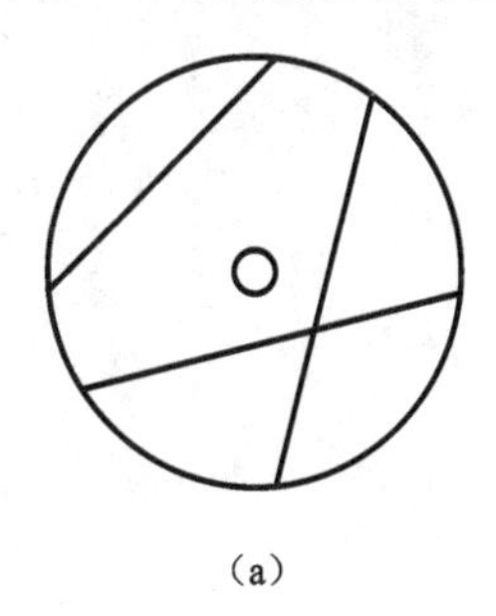

(a)

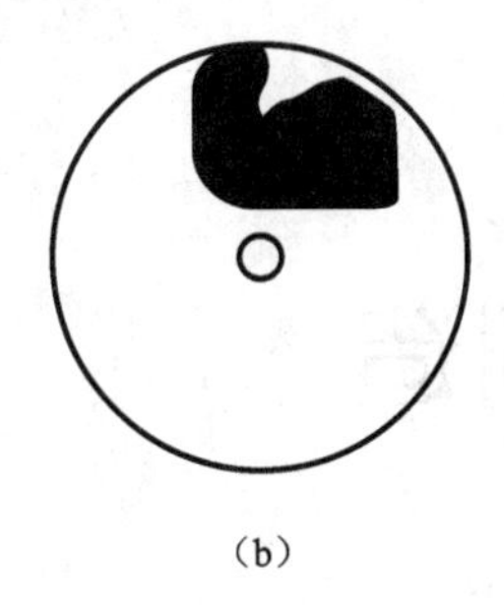

(b)

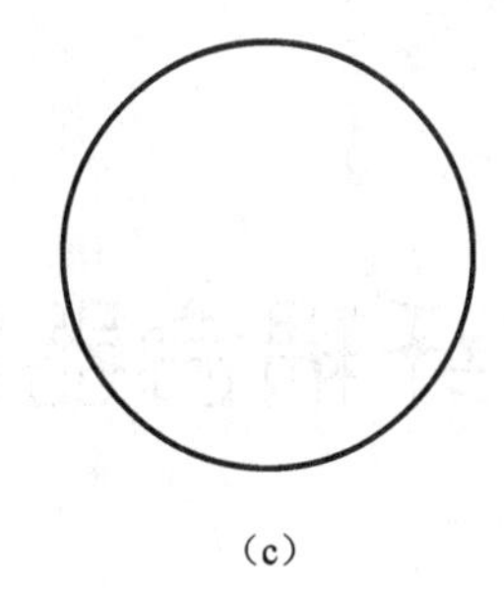

(c)

图 1-34 端面质量

项目小结

(1) 光纤连接器(见图 1-4)，俗称活接头，是用于光纤与光纤之间可拆卸(活动)连接的器件。它是把光纤的两个端面精密对接起来，以使发射光纤输出的光能量最大限度地耦合到接收光纤中去，并使由于其介入光链路而对系统造成的影响降低到最小。

(2) 光纤，即光导纤维，是一种利用光在玻璃或塑料制成的纤维中，依据全反射原理而制成的光传导介质 。

(3) 光纤的剥离要掌握平、稳、快三字剥纤法。

(4) 损耗和色散是光纤最重要的传输特性。损耗限制系统的传输距离，色散则限制系统的传输带宽。

(5) 为保证光纤连接器的质量，研磨必须满足以下要求。

① 材料之间的摩擦作用。

② 用带不同粗细颗粒的研磨纸，颗粒从粗到细地选用研磨砂纸摩擦插芯材料。

③ 用具有一定硬度的研磨垫，使插针成球形。

④ 用精度很高的机器和夹具保障球形端面对称。

(6) 插入损耗的基本定义为光纤中的光信号通过活动连接器后，其输出光功率相对输入功率的比率，以分贝(dB)表示。

$$\mathrm{IL}_i = -10\lg P_{\mathrm{out}}/P_{\mathrm{in}}(\mathrm{dB}) \tag{1-1}$$

式中：IL_i 为第 i 个输出端口的插入损耗。

2

光纤耦合器制造

光纤耦合器又称分歧器、适配器、光纤法兰盘，是用于实现光信号分路/合路，或用于延长光纤链路的元件，也是光纤通信系统中使用最多的光无源器件之一。光纤耦合器在光纤通信及光纤传感领域占有举足轻重的地位。

随着各种光纤通信技术和光纤传感器件的广泛使用，光纤耦合器的地位和作用愈来愈重要，已成为光纤通信和光纤传感领域不可或缺的一部分。设计插入损耗小、耦合效率高、分光比可调并可实现特殊耦合的光纤耦合器，一直是光学领域科研人员和业内人士的奋斗目标。

任务一　认识光纤耦合器

光纤耦合器一般具有的几个特点：一是器件由光纤构成，属于全光纤型器件；二是光场的分波与合波主要通过模式耦合实现；三是光信号的传输具有方向性。

一、光纤耦合器的分类和基本结构

模拟情境

根据光的耦合原理，人们已经设计出了多种光纤耦合器，主要包括：X形光纤耦合器、星形光纤耦合器、双包层光纤耦合器、光纤光栅耦合器、长周期光纤光栅耦合器、布拉格光纤耦合器、光子晶体光纤耦合器等。

任务分析

光纤耦合器因其分类标准不同，可有诸多分类方式。本节主要学习光纤耦合器的分类及制作方法。

1. 光纤耦合器的分类

目前，光纤耦合器件已形成多功能、多用途的系列产品，常见的有以下几种分类方法。

(1) 按功能分：可分为光功率分配器和光波长分配器。

(2) 按工作带宽分：可分为单(或双)窗口窄带和单(或双)窗口宽带耦合器。

(3) 按导光模式分：可分为单模耦合器和多模耦合器。

(4) 按制造工艺分：可分为腐蚀型、研磨型、熔融拉锥型等 3 种耦合器。

(5) 按端口形式分：则可以有更广泛的分类方法，可以划分为 X 形(2×2)、Y 形(1×2)、星形($N\times N$, $N>2$)和树形($1\times N$, $N>2$)耦合器，如图 2-1 所示。

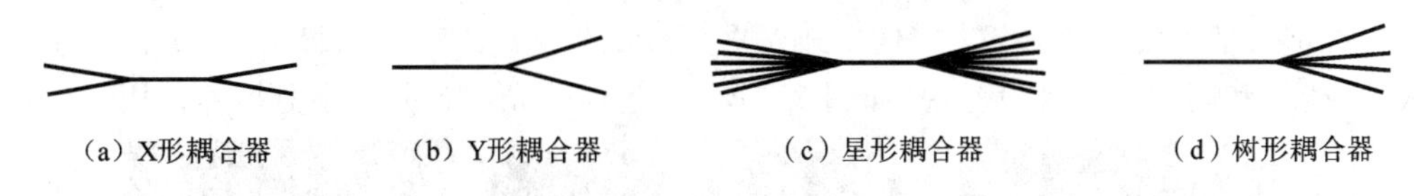

(a) X形耦合器　(b) Y形耦合器　(c) 星形耦合器　(d) 树形耦合器

图 2-1 不同端口形式的耦合器

2. 光纤耦合器的制作方法

目前，制作光纤耦合器一般有抛磨法、熔融拉锥法和腐蚀法，如表 2-1 所示。

表 2-1 光纤耦合器的制作方式

	抛磨法	熔融拉锥法	腐蚀法
制作过程	将裸光纤固定在石英制成的弧形槽中，进行光学研磨、抛光，将经研磨后的两根光纤拼接在一起，经透过纤芯-包层界面的消逝场产生耦合	将两根裸光纤扭绞一起，高温加热熔融(包括微火炉火焰法、微加热器加热法、电弧放电法、激光照射法)，同时在熔融过程中拉伸光纤形成双锥型耦合器	用化学方法腐蚀掉光纤大部分包层，再把两根腐蚀后的光纤扭绞在一起构成光纤耦合器
近似模型	弱耦合理论(瞬逝场耦合理论)	强耦合理论(模激励理论)	弱耦合理论(瞬逝场耦合理论)
优点	通过控制光纤的曲率半径，抛磨深度和调节两根光纤的相对位置可以控制其耦合比，偏振不敏感，方向性好	工艺简单、制作周期短、制作成本低、适于微机控制的半自动化生产、成品器件附加损耗低、性能稳定、方向性好	简单易行，耦合效率易调谐，制作周期短
缺点	热稳定性和机械稳定性差，制作费时	光学特性对熔合区横截面的形状是高度敏感，严格求解其场比较繁难	工艺一致性差、不易控制、损耗大、热稳定性差
原理图	直通臂 P_{in} ϕ R 耦合臂		波导 SO_2基

实际应用

1. 几种常见的光纤耦合器

图 2-2 所示为几种常见的光纤耦合器实物图。

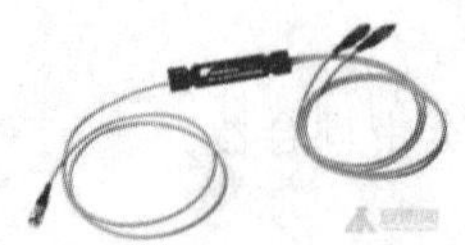

(a) Y形耦合器

(b) 平面光波导型

(c) 松套管结构

(d) 裸光纤结构

图 2-2 常见的光纤耦合器实物图

2. 光纤耦合器的实际应用

光纤耦合器主要应用在 FTTH(光纤入户)、LGX(光纤交叉连接)模块、EDFA(掺铒光纤放大器)产品和高功率产品设备中，如图 2-3 所示，起到分光或者分功率监控的作用。

(a) LGX模块

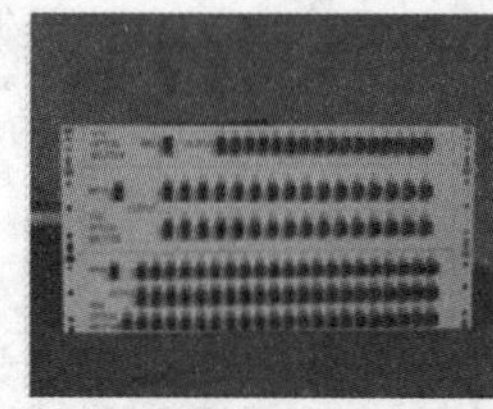

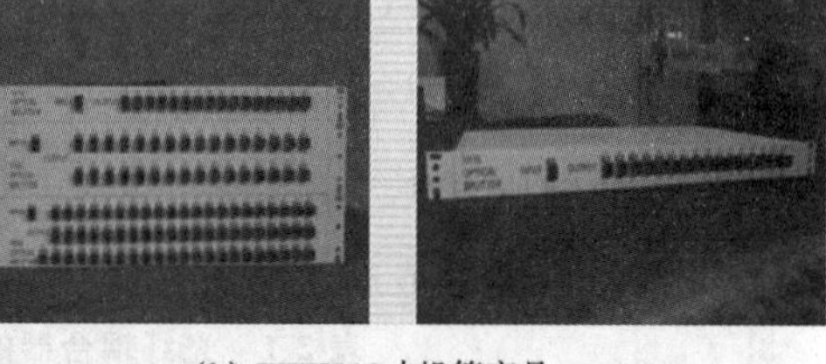

(b) FTTH19寸机箱产品

(c) 产品内部结构图

图 2-3 光纤耦合器的实际应用图

职业岗位知识

光纤的保护需要注意以下几点。

(1) 禁止将光纤悬于工作台外，并拖至地上。

(2) 要远离有尖锐棱角、易刮伤光纤的地方，若必须使用此类场所，则必须将其用胶带包裹住，以免刮伤光纤。

(3) 在生产操作中要时刻保持较高的质量意识，避免胳膊及身体其他部位压住光纤。

(4) 光纤耦合器的钢管根部非常脆弱，各相关工位若有需要擦拭钢管根部时，一定注意力道要轻、用力要均匀，以免造成器件受损。

思考与练习

(1) 光纤耦合器的功能是什么？

(2) 你还知道哪些种类的光纤耦合器?(可以上网查阅资料)

二、认识光纤熔接机

模拟情境

大家都应该知道光纤是非常长的,任何线缆都会遇到长度不合适的问题,光纤也是如此,这时候就需要对光纤进行裁剪了,如何将裁剪后的光纤连接起来呢?例如,当户外施工不小心挖断了埋在地下的光缆导致通信中断时,如图 2-4 所示,该怎样将这些断了的光纤连接起来呢?还有,光纤在户外传输时都是一股的,而连接到局端就需要将里头的线芯分开连接,如图 2-5 所示。如何将光缆与这些连接头连接起来呢?

图 2-4 施工现场挖断光缆

图 2-5 光纤终端盒

任务分析

若要使光纤永久性地连接起来,就需要使用光纤熔接机对光纤进行熔接。因此,需要使用熔接工序的地方很多,只要使用了光纤就必定会有熔接问题。在制作光纤耦合器和测试光纤耦合器时,同样需要将光纤与尾纤熔接起来。通过本任务的学习,同学们将熟练掌握光纤熔接机的工作原理及基本操作方法。

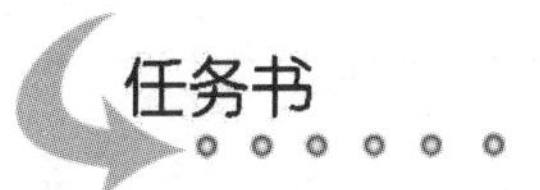

任务书

任务指导书

任务编号	1	任务名称	光纤熔接原理及光纤熔接机的基本操作
任务目标	①____ ②____ ③____		
仪器设备			

续表

<table>
<tr><td>实施过程</td><td>1. 认识光纤熔接机
(1) 光纤熔接机的外部结构。
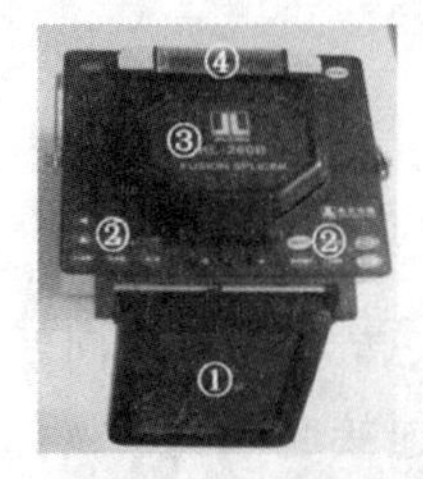

请写出左图中各部分的名称：
①________
②________
③________
④________
(2) 光纤熔接机的内部结构。
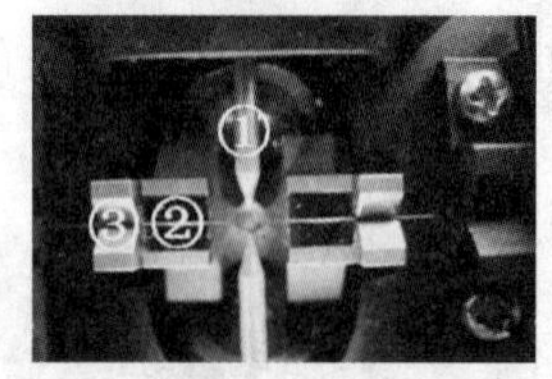

请写出左图中各部分的名称：
①________
②________
③________
2. 光纤熔接的原理
光纤
高压电弧
电极
请看左图，写出光纤熔接原理：
____
____
____
____
3. 光纤熔接机的基本操作
(1) ________
(2) ________
(3) 点检光纤熔接机。
光纤熔接机每次开机应进行______、______，并做好______记录，光纤熔接机点检合格才可使用。</td></tr>
<tr><td>任务小结</td><td></td></tr>
</table>

1. 光纤熔接技术

光纤熔接技术主要是用光纤熔接机将光纤和光纤、光纤和尾纤连接起来，把光缆中的裸纤和光纤尾纤熔合在一起变成一个整体。在光纤的熔接过程中用到的主要工具有剥纤钳、光纤切割刀、尾纤、耦合器等。

2. 光纤熔接机的工作原理

光纤熔接机的工作原理是利用高压电弧将两光纤断面熔化的同时，用高精度运动机构平缓推进让两根光纤融合成一根，以实现光纤模场的耦合。

（1）对准：目前的熔接机都是两根光纤的纤芯对准，通过CCD镜头找到光纤的纤芯并对准。

（2）放电：两根电极棒释放瞬间高压（几千伏，不过是很短的瞬间），达到击穿空气的效果，击穿空气后会产生一个瞬间的电弧，电弧会产生高温，将已经对准的两条光纤的前端融化。由于光纤是二氧化硅材质，也就是通常所说的玻璃（当然光纤的纯度会高很多），很容易达到熔融状态，然后将两条光纤稍微向前推进，于是两条光纤就黏在一起了。

技能指导

1. 光纤熔接机的基本操作

1）接通电源开机

（1）接入110 V或220 V的交流电压，如图2-6所示。

（2）按下电源开关按键直到面板指示灯LED亮（绿色），光纤熔接机启动，约几秒钟后显示器界面进入待机界面，如图2-7所示。

图2-6 光纤熔接机电源开关

图2-7 光纤熔接机待机界面

2）选择熔接模式

（1）在待机或结束状态按下选择按键，进入“选择熔接模式”界面。

（2）通过方向键来移动光标到所需的熔接模式上。

2. 点检光纤熔接机

光纤熔接机每次开机应进行放电检查、马达校正，并做好点检记录，光纤熔接机点检合格才可使用，如图2-8所示。

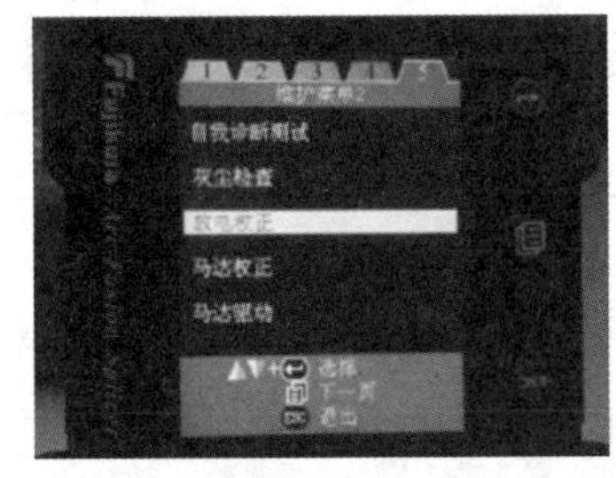

（a）放电检查

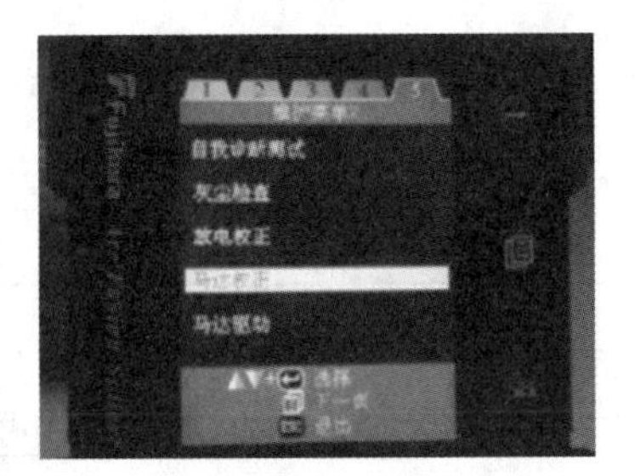

（b）马达校正

图2-8 点检光纤熔接机

思考与练习

(1) 光纤熔接机主要应用于哪些方面?

(2) 光纤熔接机有哪几种工作模式?

(3) 光纤熔接机熔接的是光纤的哪一部分?

三、光纤熔接工序

模拟情境

制作光纤耦合器时,需要将尾纤和光纤阵列连接起来,如图 2-9 和图 2-10 所示,怎样用光纤熔接机将它们熔接起来呢?需要用到哪些工具呢?

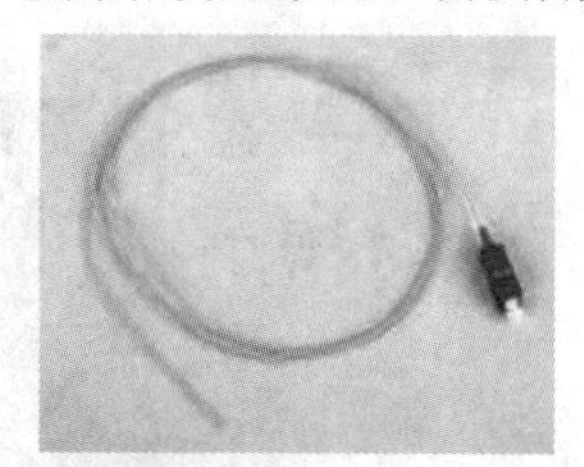

图 2-9 尾纤

图 2-10 光纤阵列

任务分析

要将尾纤和光纤阵列连接起来,首先应用剥纤钳剥去光纤外面的保护层,然后用蘸有无水酒精的无尘纸清洁剥好的光纤,还要用光纤切割刀将要熔接的两根光纤端面切割平整,最后放入光纤熔接机中进行熔接。熔接完毕后还要用热缩管将连接的位置保护起来。通过本任务的学习,我们将掌握用光纤熔接机熔接光纤的整个操作工序。

任务书

任务指导书

任务编号	2	任务名称	光纤熔接工序
任务目标	①____________ ②____________ ③____________		
仪器设备			

续表

实施过程	1. 剥纤  剥纤长度为________________。 2. 清洁光纤 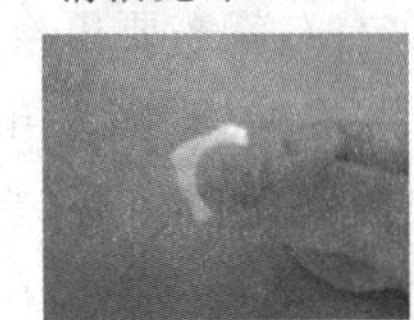 用______蘸______将剥好的光纤擦拭干净。 3. 使用光纤切割刀切割光纤 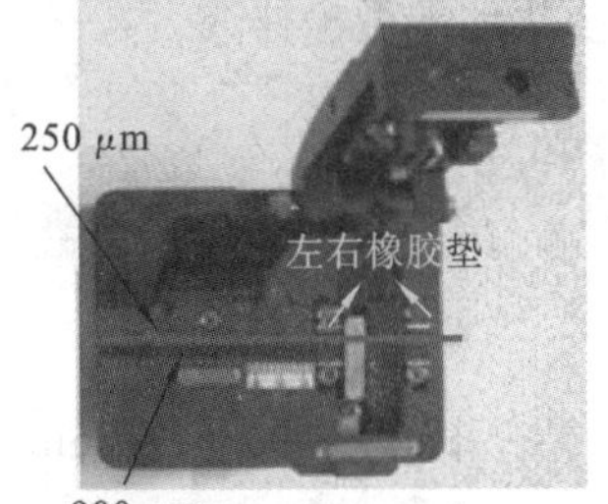 将光纤切割刀的切割臂______，向______推滑动刀座，听到“咔”的一声。把准备好的光纤放置在光纤切割刀的______上，向______推滑动刀座，松开______，取出切割好的光纤，即完成了一次光纤切割过程。 4. 熔接光纤  (1) 接通光纤熔接机电源开关。 (2) 在______状态下选择熔接模式。 (3) ______光纤熔接机。 (4) 放置______。 (5) ______试验。 5. 清洁V形槽 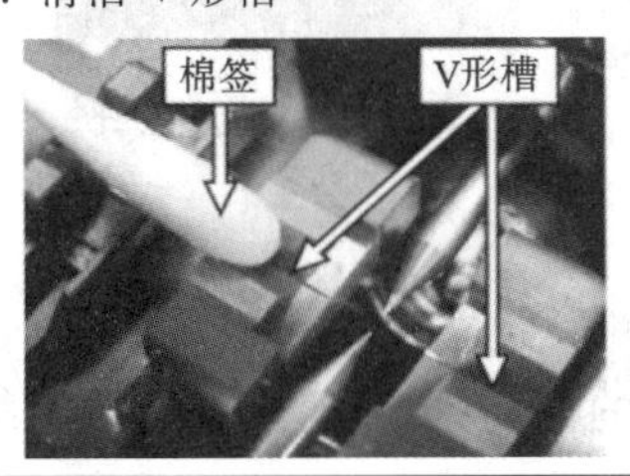 用蘸有______的细棉签清洁V形槽的______，并用干棉签擦去遗留在V形槽中的______。
任务小结	

1. 光纤熔接机的正确使用方法

光纤熔接机的功能就是把两根光纤熔接到一起，所以正确使用光纤熔接机也是降低光纤接续损耗的重要措施。根据光纤类型正确合理地设置熔接、预放电电流、时间等参数，并且在使用中和使用后及时去除光纤熔接机中的灰尘，特别是夹具、各镜面和V形槽内的粉尘和光纤碎末。每次使用前应使光纤熔接机在熔接环境中放置至少15 min，特别是在放置环境与使用环境差别较大的时候（如冬天的室内与室外），根据当时的气压、温度、湿度等环境情况，重新设置光纤熔接机的放电电压及放电位置，以及使V形槽驱动器复位等。

2. 光纤熔接机的维护与保养

光纤熔接机的易损耗材为放电的电极，基本上放电4000次左右就需要更换新电极。

更换电极的方法：首先取下电极室的保护盖，松开固定上电极的螺钉，取出上电极。然后松开固定下电极的螺钉，取出下电极。新电极的安装顺序与拆卸动作相反，要求两电极尖的间隙为2.6±0.2 mm，并与光纤对称。通常情况下电极是不需要调整的。在更换的过程中不可触摸电极尖端，以防损坏，并应避免电极掉在机器内部。更换电极后需进行电弧位置的校准或重新打磨，但是长度会发生相应的变化，熔接参数也需做出修改。

1. 剥纤

用剥纤钳剥去光纤外面的塑料保护层和涂覆层，只留下长度为30～40 mm，直径为125 μm的纤体层（裸光纤），如图2-11所示。

2. 清洁光纤

用无尘纸蘸无水酒精将剥好的光纤擦拭干净，如图2-12所示。

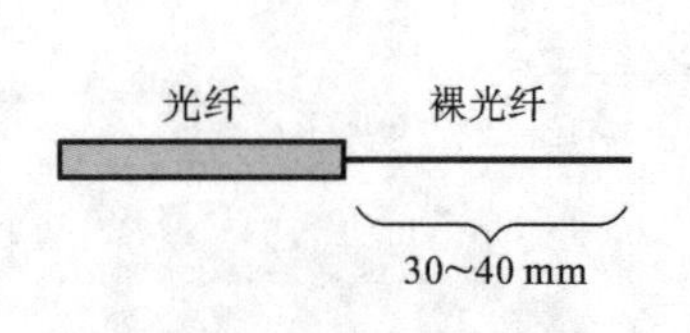

图2-11　剥纤长度示意图

图2-12　清洁光纤

注意：

(1) 一张无尘纸只能使用一次。

(2) 擦拭的时候无尘纸条纹的方向要顺着光纤的方向，以免对光纤造成光损。

(3) 每根光纤都要擦一次。

3. 使用光纤切割刀切割光纤

(1) 切割臂解锁：轻轻地向前滑动锁扣，切割臂被解锁，并弹起，如图2-13所示。

(2) 刀具回位：向内推滑动刀座听到“咔”的一声，如图2-14所示。

(3) 放置光纤：把准备好的光纤放置在切割刀上的V形槽里，如图2-15所示。

(4) 切割光纤：向外推滑动刀座，如图2-16所示，松开光纤压板，取出切割好的光纤，即完成了一次光纤切割过程。

（a）锁定状态

（b）解锁状态

图 2-13 切割臂解锁

图 2-14 刀具回位

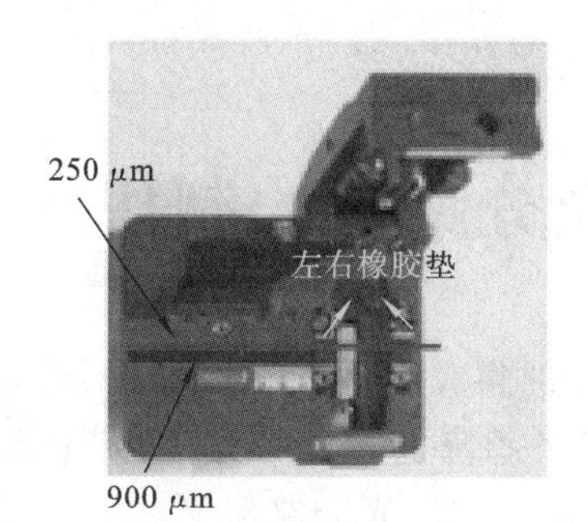

图 2-15 放置光纤

图 2-16 切割光纤

（5）清洁维护：多次切割光纤后，光纤切割刀里容易有光纤残物，这时需要手动将其取出，如图 2-17 所示，用胶带或镊子将光纤残物取走，丢入垃圾桶内，以免碎纤扎入皮肤中。

（a）用胶带清理

（b）用镊子清理

图 2-17 清理光纤残物

4. 熔接光纤

（1）接通光纤熔接机电源开关。

（2）选择电源闭合状态下熔接模式。

（3）点检光纤熔接机。

（4）放置光纤。

（5）熔接操作步骤如下。

① 按下熔接键(SET)。

② 光纤熔接机开始熔接。熔接步骤依次为：放电清洁、显示光纤切割角度、光纤对准、放电熔接、推断损耗估算。

③ 完成熔接，进入结束界面，显示推断损耗值。

(6) 拉力试验。

① 熔接完成后,按"SET"键或打开防风罩,光纤熔接机进入"进行拉力试验"。

② 待拉力试验完成后,将光纤取出,以熔接点为中心 70 mm 长度绕成圈状做弯曲试验。

注意:如果经过拉力试验或弯曲试验后光纤折断,则需要重新熔接。如操作多次还达不到要求,则需要对光纤熔接机进行维护。

思考与练习

(1) 在进行光纤熔接时,为什么一定要先用光纤切割刀将光纤断面切割平整?

(2) 请简要概述光纤熔接的原理。

任务二 平面波导型光分路器的制作

平面波导型(PLC)光分路器是一种基于石英基板的集成波导光功率分配器件,与同轴电缆传输系统一样,光网络系统也需要将光信号耦合、分支、分配,这就需要光分路器来实现。光分路器又称分光器,是光纤链路中最重要的无源器件之一,是具有多个输入端和多个输出端的光纤汇接器件,常用 $M\times N$ 来表示一个光分路器有 M 个输入端和 N 个输出端,PLC 裸纤产品如图 2-18 所示。

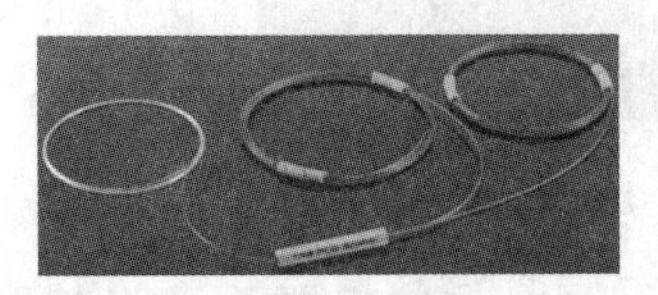

图 2-18 1 分 8 PLC 裸纤产品

PLC 光分路器是采用平面光波导工艺技术制作,用来实现特定波段光信号的功率耦合及再分配功能的光无源器件,特别适用于无源光网络中连接局端和终端的设备,并能实现光信号的分路与耦合,如图 2-19 所示。在全球 FTTx 大发展的形势下,光分路器有着巨大的需求空间。

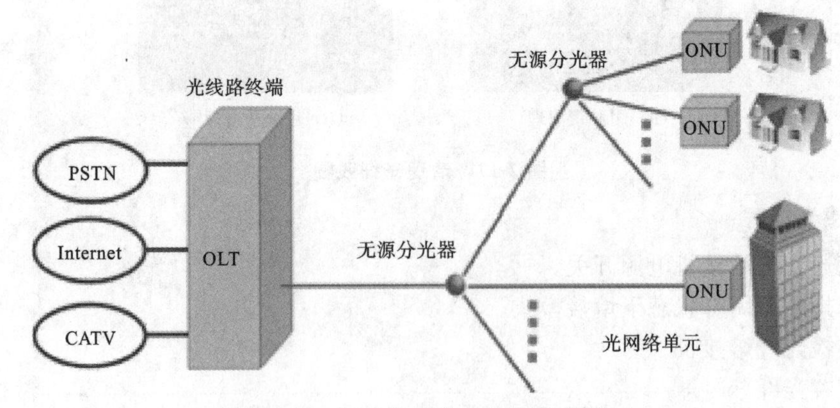

图 2-19 PLC 产品的应用领域示意图

PLC 光分路器与传统的熔融拉锥(FBT)分路器相比,在一个很宽的波长范围内(1260～1650 nm)的损耗都很低,除了满足常用的三个工作窗口外,还可用于更多工作波长的传输和管理,所以又称为全波段分路器。因此使用 PLC 光分路器可以更好地适应将来网络升级发展的需要。

一、平面波导型光分路器芯片的外观检验和清洗

平面波导型光分路器的生产制作包括原材料的预处理、耦合、补曝光、烘烤、封装、测试、包装、成品检验、出货检验等步骤。所以第一步需要对 PLC 芯片、光纤阵列进行外观检验和清洗。

模拟情境

以下是制作 PLC 光分路器的基本原材料，主要有单纤阵列(见图 2-20)、带纤阵列(见图 2-21)和 PLC 芯片(见图 2-22)。如何对这些原材料进行外观检验和清洗呢？

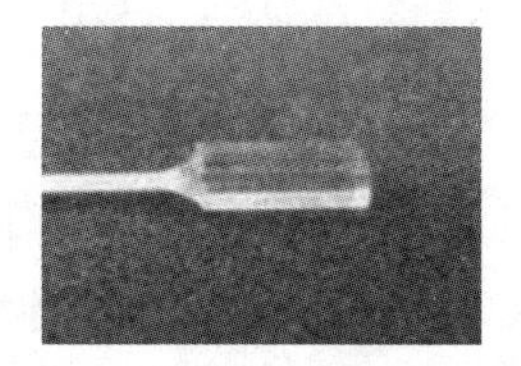

图 2-20 单纤阵列

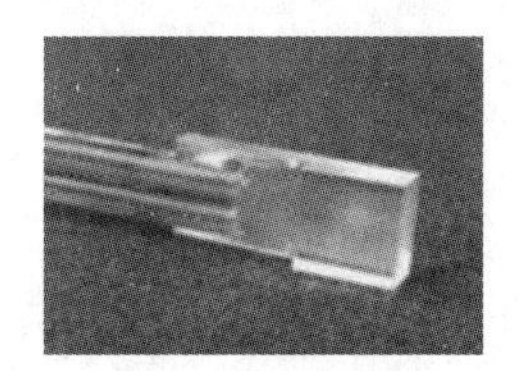

图 2-21 带纤阵列

图 2-22 PLC 芯片

任务分析

这些原材料的主要成分都是高纯度的 SiO_2，其主要使用超声波清洗机来清洗，又因为其体积非常小，所以需要在显微镜下擦拭物料的端面。通过本任务的学习，同学们将掌握 PLC 物料外观检验和清洗的方法，并且能对清洗过程中的不良状况进行分析。

任务书

任务指导书

<table>
<tr><td>任务编号</td><td>3</td><td>任务名称</td><td>平面波导型光分路器芯片的外观检验和清洗</td></tr>
<tr><td>任务目标</td><td colspan="3">①
②
③</td></tr>
<tr><td>仪器设备</td><td colspan="3"></td></tr>
<tr><td>实施过程</td><td colspan="3">1. 物料预处理
<table><tr><td>工序</td><td>步　骤</td><td>步骤说明</td></tr><tr><td rowspan="4">物料预处理</td><td>外观检查清洁</td><td></td></tr><tr><td>超声波清洗</td><td></td></tr><tr><td>端面检查</td><td></td></tr><tr><td>烘烤</td><td></td></tr></table></td></tr>
</table>

续表

实施过程	2. 清洁工序注意事项 (1) 擦拭芯片端面时，只能沿______方向擦拭。 (2) 烘烤前需用______将金属盘盖起来，以减少周转过程中______黏在物料光学表面的几率。 (3) 物料清洗擦拭过程不能______。
任务小结	

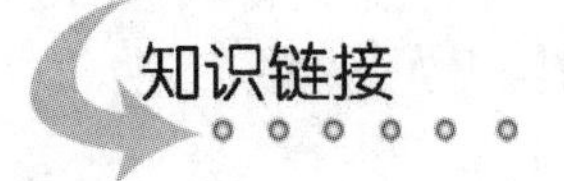

1. FTTH 介绍

FTTH(fiber to the home)，顾名思义就是一根光纤直接到家庭。具体说，FTTH 是指将光网络单元(ONU)安装在住家用户或企业用户处，是光接入系列中除 FTTD(光纤到桌面)外最靠近用户的光接入网应用类型。FTTH 最显著的技术特点是其不但能提供更大的带宽，而且增强了网络对数据格式、速率、波长和协议的透明性，并放宽了对环境条件和供电等要求，简化了维护和安装。

光纤通信网分骨干网、城域网和接入网三级，FTTH(广义的 FTTH 概念包含光纤到楼——FTTB、光纤到路边——FTTC、光纤到节点——FTTN、光纤到驻地——FTTP 等接入方式)隶属接入网，在面对终端用户的"最后一公里"解决方案中，FTTH 被认为是最好的解决方案，其可以全面融合传统语音、数据、CATV、高清 IPTV 等接入业务。

2. PLC 光分路器产品的结构

PLC 光分路器内部主要由一个 PLC 光分路器芯片和两端的光纤阵列耦合组成。芯片采用半导体工艺在石英基底上生长制作一层分光波导，芯片有一个输入端和 N 个输出端波导。然后在芯片两端分别耦合输入、输出光纤阵列。

外部由 ABS 盒子和方形钢管、光缆及光纤连接头等组成，如图 2-23 所示。

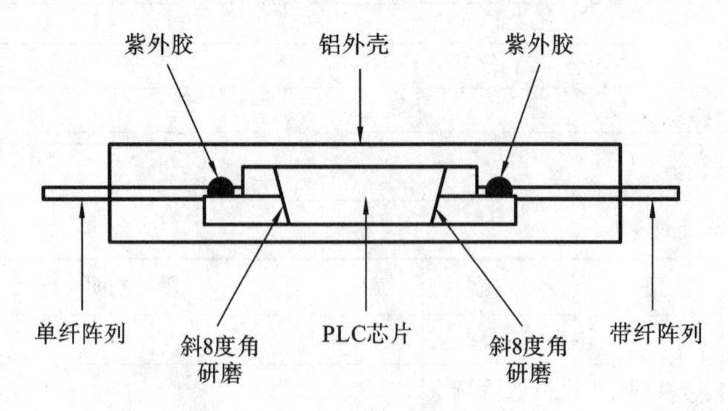

图 2-23　PLC 光分路器产品的结构

技能指导

产品工艺流程表，如表 2-2 所示。

表 2-2 产品工艺流程表

工序名称		步骤说明
预处理	外观检查和清洁	检查光纤阵列和芯片，清洁光学区域
	超声波清洗	用处理液超声波处理光纤阵列、芯片和橡胶帽，再用 DI 水①清洗光纤阵列、芯片和橡胶帽，最后用 DI 水②清洗光纤阵列、芯片和橡胶帽，用酒精超声波处理钢管
	端面检查	检查光纤阵列和芯片端面质量
	烘烤	85 ℃烘烤，烘烤 30 min
耦合	接线发料	输入端 FA 熔接跳线
	端面清洁检查	检查光纤阵列和芯片
	耦合曝光	对准光纤阵列和芯片，UV 胶预固化
补曝光	补曝光	使用面曝光箱补曝光耦合区域 30 min
烘烤	真空烘烤	100 ℃真空烤箱热固化耦合好的产品，烘烤 3 h
封装	裸纤封装	把耦合好的产品封装钢管
	温度循环	使用温循箱对产品进行老化
测试	测试	测试产品 IL/RL/PDL(FQC 抽检光学性能)
包装	包装	包装
成品检验	成品检验	成品检验(只检验外观)
出货检验	出货检验	出货检验

思考与练习

(1) 物料预处理的步骤是什么？

(2) 清洁工序注意事项是什么？

(3) 请简述 PLC 产品的结构。

(4) 请简述超声波清洗机的工作原理。

二、认识耦合设备和工具

PLC 光分路器的耦合需要在 PLC 耦合操作台上进行，如图 2-24 所示，需要用到 CCD 监控系统、高稳光源、耦合平台、在线监控系统等设备和切割笔等工具。

图 2-24 PLC 耦合操作台

模拟情境

CCD 的中文全称为电荷耦合元件。可以称为 CCD 图像传感器。CCD 是一种半导体器件，能够把光学影像转化为数字信号。CCD 监控系统从上下、前后、左右三个方向，六个维度全面监控耦合时的影像。高稳光源系统可以照明、固化和提供耦合光源；耦合平台可以进行上下、前后、左右六个维度的调节；在线监控系统可以实时监测耦合时的损耗值。

任务分析

在耦合前，需要熟练掌握耦合设备和工具的使用方法，本节我们将学习这些设备的结构及其使用方法。

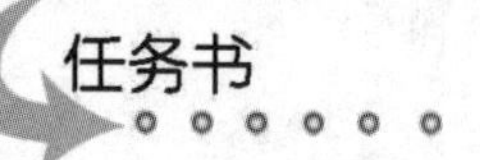

任务书

任务指导书

任务编号	4	任务名称	认识耦合设备和工具
任务目标	①______ ②______ ③______		
仪器设备			
实施过程	1. 认识 CCD 监控系统 (1) CCD 监控系统由一个______、三个______、一个______、一个______组成。 (2) 在下面方框中填写设备的名称。		

续表

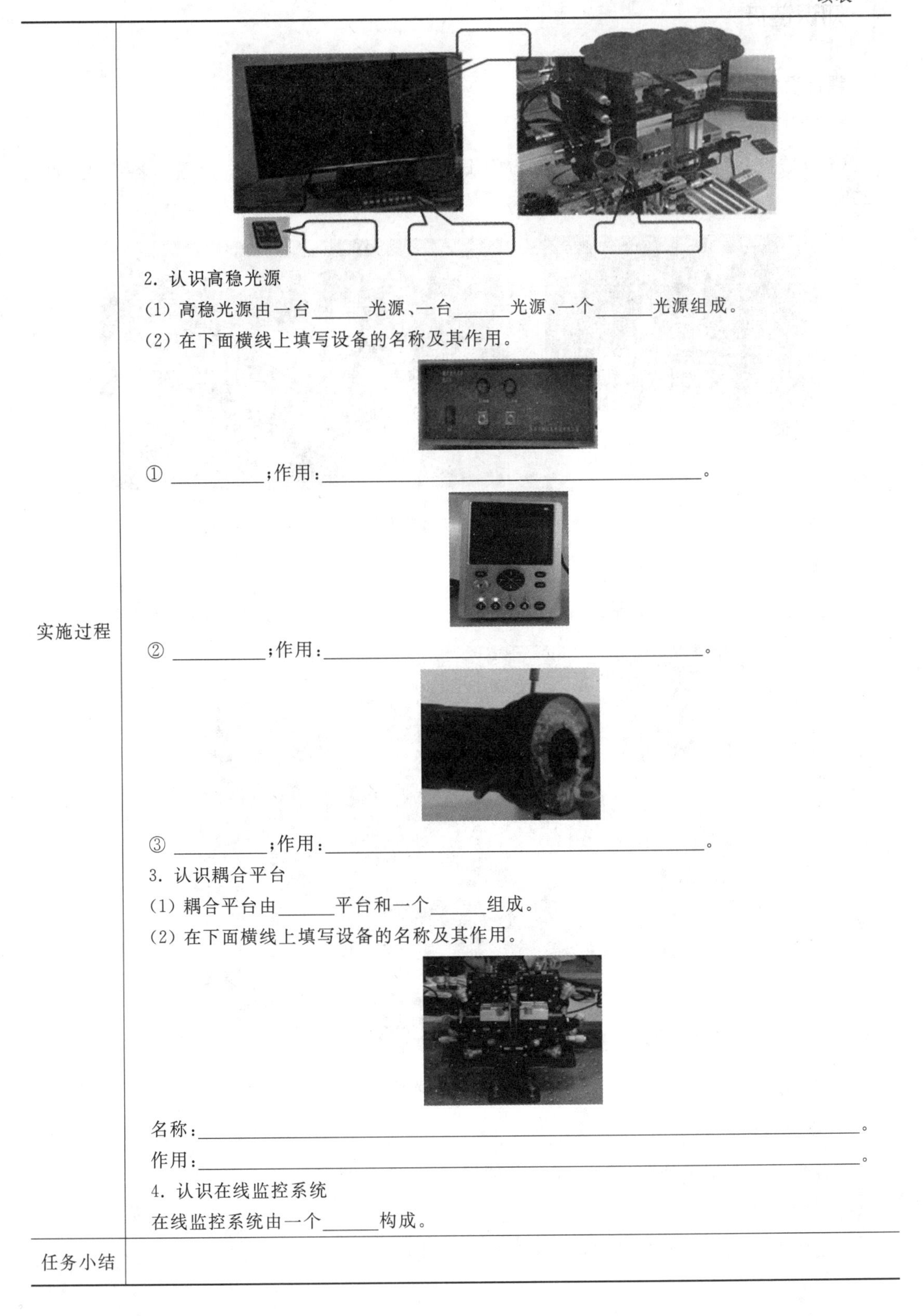

实施过程	2. 认识高稳光源 (1) 高稳光源由一台______光源、一台______光源、一个______光源组成。 (2) 在下面横线上填写设备的名称及其作用。 ① __________;作用:__________________________________。 ② __________;作用:__________________________________。 ③ __________;作用:__________________________________。 3. 认识耦合平台 (1) 耦合平台由______平台和一个______组成。 (2) 在下面横线上填写设备的名称及其作用。 名称:____。 作用:____。 4. 认识在线监控系统 在线监控系统由一个______构成。
任务小结	

知识链接

耦合设备

1. CCD 监控系统

CCD 监控系统由一个显示器、三个 CCD 镜头、一个监控机盒、一个遥控器组成，如图 2-25所示。

图 2-25 CCD 监控系统

2. 高稳光源

高稳光源由一台耦合光源、一台 UV 紫外光源、一个 LED 白光源组成，如图 2-26 所示。

图 2-26 高稳光源

3. 耦合平台

耦合平台由光学平台和一个六维调节架组成，如图 2-27 所示。

4. 在线监控系统

在线监控系统由一个双通道光功率计构成，如图 2-28 所示。

图 2-27 耦合平台

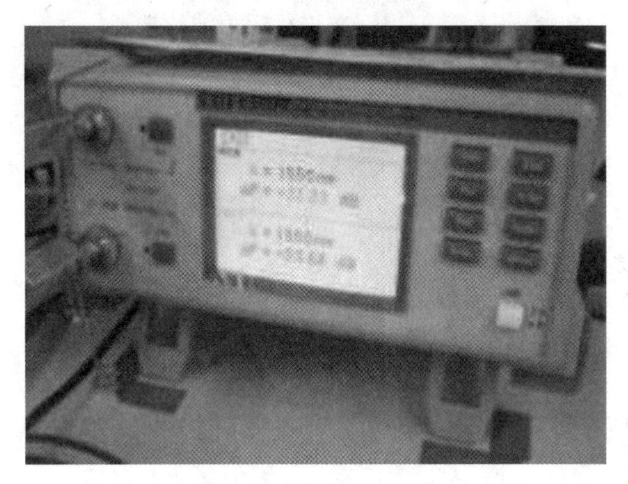

图 2-28 在线监控系统

技能指导

1. 物料准备

耦合前,需要准备好接线专用跳线,确定物料已经预处理,并符合生产通知单上的要求。接线专用跳线每次用 200 倍或以上端面检查仪检查端面是否有划痕等外观不良的情况,如有则应立即更换跳线,具体步骤如下。

1) 剥纤

将预处理好的输入端 FA 尾纤拆开,用剥纤钳分别将 FA1、LC 尾纤上的外包层剥去 2±0.5 cm。

操作人员检查光纤的切割角度和光纤端面的质量。如果光纤的表面有缺陷则要把对应的光纤取出重新制备。

2) 清洁

用蘸有无水酒精的无尘纸将裸光纤上的碎屑擦干净,一张无尘纸只能使用一次。

3）熔接

将光纤放入光纤切割刀中切好，再放入光纤熔接机中熔接；光纤熔接机显示的推定损耗不得大于0.02dB；光纤熔接后若有熔接不良现象，需要拆下重新制备光纤，重新进行熔接。

4）装料

将熔接好的输入端FA放入发料专用物料盘中，物料盘要求干净，一周清洁一次。

2. 点检设备

(1) 先将设备光源打开预热，最少30 min；观察点检设备各项功能指标是否正常，特别是UV照射光强，并做好相应记录。

(2) 点检UV光时，光导管要垂直照射UV测量仪的感应区。

(3) 耦合使用的装胶盒：每次换胶都会换装胶小槽，装胶盒需定期一周一次进行超声波清洗或用蘸有无水酒精的无尘纸擦拭。

(4) 耦合使用的酒精瓶：需定期一周一次进行超声波清洗。

(5) 耦合使用的点胶针，需经常用蘸有无水酒精的无尘纸擦拭。

思考与练习

(1) 什么是CCD?

(2) CCD监控系统由什么构成?

(3) PLC耦合操作台由哪几部分组成？每部分分别具有什么作用?

(4) 物料准备包括哪几个步骤?

三、平面波导型光分路器芯片和光纤阵列上架

将制作PLC光分路器的基本原材料进行了外观检验和清洗后，就可以对它们进行耦合了。耦合是指两个或两个以上的电路元件或电网络等的输入与输出之间存在紧密配合与相互影响，并通过相互作用从一侧向另一侧传输能量的现象。

模拟情境

耦合的关键是要将输入端FA的纤芯和PLC芯片的输入端、PLC芯片的输出端和输出端FA的纤芯完全对准，如图2-29所示，才能保证损耗最小。

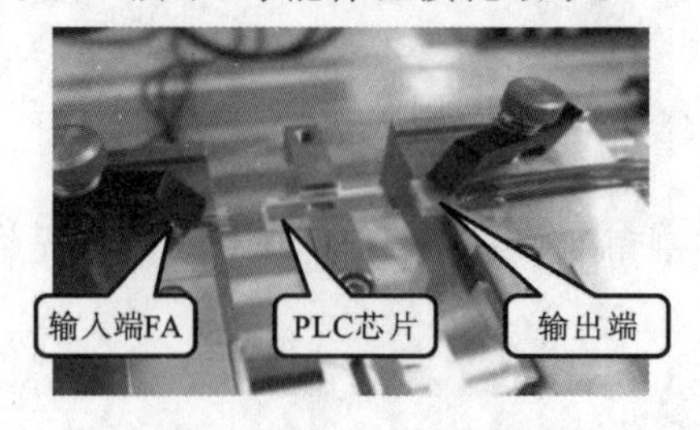

图2-29　上架实物操作示意图

任务分析

怎样做到将 FA 和芯片完全对准呢？在 CCD 监控系统的辅助下，将激光光源发出的光信号从输入端 FA 输入，经过芯片，再从输出端 FA 输出，通过调整耦合平台上的六维调节架，使用在线监控系统监测耦合时的损耗，从而对准 FA 和芯片。

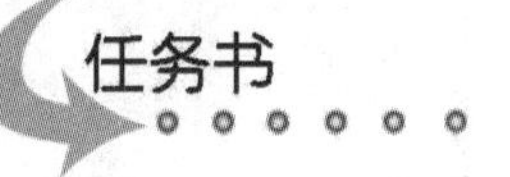

任务书

任务指导书

<table>
<tr><td>任务编号</td><td>5</td><td>任务名称</td><td>平面波导型光分路器芯片和光纤阵列上架</td></tr>
<tr><td>任务目标</td><td colspan="3">①______
②______
③______</td></tr>
<tr><td>仪器设备</td><td colspan="3"></td></tr>
<tr><td>实施过程</td><td colspan="3">1. 识别芯片方向
方法一：用镊子轻轻夹起芯片，从正面对着______看去，只有______个光通道的为输入端 FA，______个光通道的为输出端 FA。
方法二：将芯片夹上______，放大______的倍率，利用显示器观察，只有______个光通道的为输入端，______个光通道的为输出端。
2. 物料上架
用棉棒蘸______沿______方向擦拭材料各个端面几次，先将______放上调整架，再依次放入______和______，放______时注意方向。如下图所示。
3. 首位两根光纤插入裸纤适配器
分出输出端光纤首位两根（蓝、黑），用剥线钳剥出______ cm 左右的裸纤，用无尘纸蘸______，擦拭干净后插入______，用光纤切割笔切除多余的光纤，光功率 ChA 接蓝色光纤，ChB 接黑色光纤。</td></tr>
</table>

续表

	4. 切割光纤 切割光纤时，______要与光纤成______，轻轻划一下(不直接把光纤切断)，再用______轻轻一推，将光纤推断。若划后未能将光纤推断，则左手将裸纤适配器旋转______继续切，如图所示。 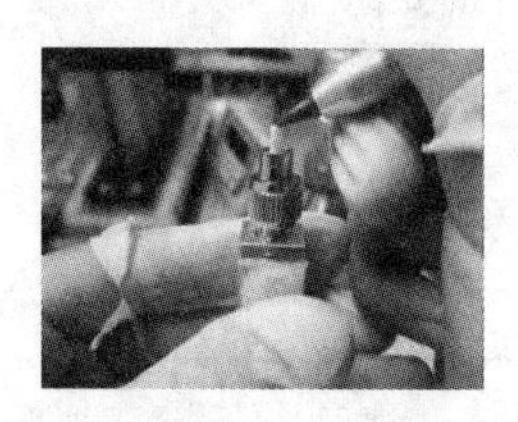 5. 调整芯片与 FA 平行 先将 CCD 移动到______与______上方，将______和______靠拢，然后通过监视通道 1、2 和旋转平行旋钮来调整______与______边缘在______面和______面两个方向的平行。待调整平行后，拉开______ μm，进入下一步______。
任务小结	

1. 平面波导技术

所谓平面光波导，即光波导位于一个平面内。正如大家熟悉的单层电路板，所有电路都位于基板的一个平面内一样。因此，PLC 是一种技术，它不是泛指某类产品，更不是分路器。最常见的 PLC 分路器是用二氧化硅(SiO_2)制作的，其实 PLC 技术所涉及的材料非常广泛，如二氧化硅、铌酸锂、Ⅲ-Ⅴ族半导体化合物(如 InP、GaAs 等)、绝缘体上的硅、氮氧化硅(SiON)、高分子聚合物等。

2. PLC 芯片原理

PLC 光分路器是采用半导体工艺(如光刻、腐蚀、显影等技术)制作的。光波导阵列位于芯片的上表面，分路功能集成在芯片上，也就是在一只芯片上实现 1∶1 等分路。然后，在芯片两端分别耦合输入端以及输出端的多通道光纤阵列并进行封装。

PLC 光分路器是当今国内外研究的热点，具有良好的应用前景，然而 PLC 光分路器的封装是制造 PLC 光分路器的难点。PLC 光分路器的封装是指将平面波导分路器上的各个导光通路(即波导通路)与光纤阵列中的光纤一一对准，然后用特定的胶(如环氧胶)将其黏合在一起的技术。

其中，PLC 光分路器与光纤阵列的对准精确度是该项技术的关键。PLC 光分路器的封装涉及光纤阵列与光波导的六维紧密对准，难度较大。

技能指导

1. 识别芯片方向

按照图 2-30 所示操作，用镊子轻轻夹起芯片，从正面对着光看去，只有一个光通道的为输入端 FA，多个光通道的为输出端 FA。或者，将芯片夹上调整架，将显示器切换到通道 2，放大 CCD2 镜头的倍率，可清晰地看到哪边是单通道，哪边是多通道。

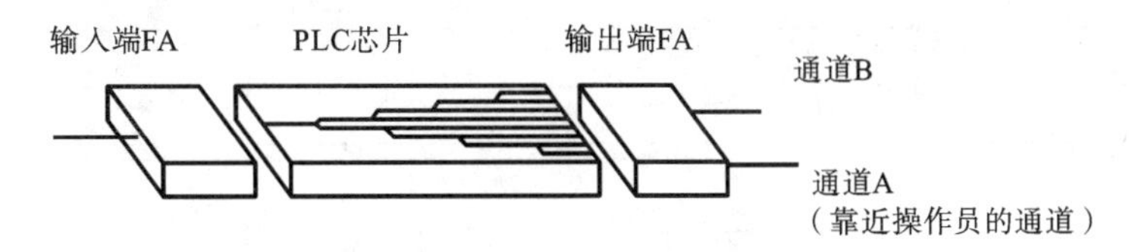

图 2-30 上架实物操作示意图

2. 物料上架

用棉棒蘸无水酒精沿一个方向擦拭材料各个端面几次，先将芯片放上调整架，再依次放入输入端 FA 和输出端 FA，放芯片时注意方向（芯片为梯形，上底在上面，输入端在左边）。

3. 首位两根光纤插入裸纤适配器

分出输出端光纤首位两根（蓝、黑），用剥线钳剥出 3 cm 左右的裸纤，用无尘纸蘸无水酒精擦拭干净后插入裸纤适配器，用光纤切割笔切除多余的光纤，光功率 ChA 接蓝色光纤，ChB 接黑色光纤。

4. 切割光纤

切割光纤时，光纤切割笔要与光纤成 45°，轻轻划一下（不直接把光纤切断），再用笔头轻轻一推，将光纤推断。若划后未能将光纤推断，则左手将裸纤适配器旋转 90°继续切，如图2-31所示。

图 2-31 切割光纤

5. 调整芯片与 FA 平行

先将 CCD 移动到输入端 FA 与芯片上方，将 FA 和芯片靠拢，然后通过监视通道 1、2 和旋转对平行旋钮来调整 FA 与芯片边缘在正面和侧面两个方向的平行，待调整平行后，拉开 50 μm，进入下一步找光。

思考与练习

（1）请简述熔融拉锥耦合法。

（2）请简述平面波导技术。

（3）PLC 光分路器的封装指的是什么？该项技术的关键是什么？

光纤耦合器的耦合调试

任务指导书

任务编号	6	任务名称	光纤耦合器的耦合调试
任务目标	① ______________________ ② ______________________ ③ ______________________		
仪器设备			
实施过程	1. 找光 (1) 通过调整______端 X、Y、Z 轴螺杆，将芯片的______端对准 CCD3 镜头，同时将监视器切换到 Ch3，直到显示器上显示出清晰的芯片图像为止。在下面方框内记录显示图像的示意图。 (2) 然后通过调整______端 X、Y 轴螺杆，并观察显示器，将光斑调整到最______、最______、最______，完成找光。在下面方框内记录显示图像的示意图。 (3) 若光斑亮度______或者光斑不______说明光没找好，返回调整平行，在下面方框内记录光斑没找好的图像示意图。 (4) 器件______调至最佳位置后芯片与 FA 已经紧靠在一起，此时，将______和______各向后拉开______ μm(对应微分螺杆是 5 小格，如下图所示)，进入下一道点胶工序。 2. 点胶 (1) 点胶前，需确认______有无对错，以及______是否错误。		

续表

实施过程	（2）点胶之前先用______无尘纸擦拭点胶棒，用点胶棒粘一滴 AT6001 ______胶（胶量适中，能充满耦合面即可），如下图所示。在耦合面上方停留，让胶______落在耦合面处，注意此时点胶棒不能接触______，通过显示器可以观察到胶是否充满______，点胶棒用完之后用______擦拭后放好。 （3）调节调整架。 ① 调整输入端微调旋钮，使输入端信号______。 ② 调整输出端微调旋钮，使输出端信号______，点胶完成。 注意： 此时还能不能再调整 Z 方向微分螺杆，为什么？假若操作过程中不小心碰到 Z 方向微分螺杆，需要怎么做？ 答：____ ____ ____ 3. 照光（UV 固化） （1）待胶充分溢满______后，再将微分螺杆推进______ μm（对应微分螺杆是 4.5 个小格），确认胶合面内无______，然后将 UV 紫外光探头移至耦合面______（将光斑中间对准耦合面）插损调至最小（符合工艺控制卡中的插损要求），并记录此时 ChA=______，ChB=______。 （2）打开______光源开关，进行曝光，注意佩戴______，避免对眼睛造成伤害，可将碳素镊子放在耦合面下方反光，检查 UV 光是否完全覆盖点胶区域。 （3）照光时间为______ s，开始照光后，前______ s 注意观察插损是否发生变化，如果变化，可用微调旋钮将插损调回原值，超过 30 s 后不能继续调试。过程中需检查 UV 光照射面是否完全覆盖点胶区域。 （4）UV 固化完成后，用手轻轻挪动______，确定产品的______；以确定胶是否完全______。 （5）松开夹具（先松开两边，再松开中间），取下物料，记录固化后的 IL_A = ______，IL_B = ______，判断固化前后 IL 的变化，如果超过______≤△IL（固化后－固化前）≤______，则需返修。
任务小结	

基本活动

1. 找光

通过调整输出端 X、Y、Z 轴螺杆，将芯片的输出端对准 CCD3 镜头，同时将监视器切换到 Ch3，直到显示器上显示出清晰的芯片图像为止，如图 2-32 所示。

然后通过调整输入端 X、Y 轴螺杆，并观察显示器，将光斑调整到最大、最亮、最圆，完成找光，如图 2-33 所示。

若光斑亮度不均匀或者光斑不圆说明光没找好，返回调整平行，如图 2-34 所示。

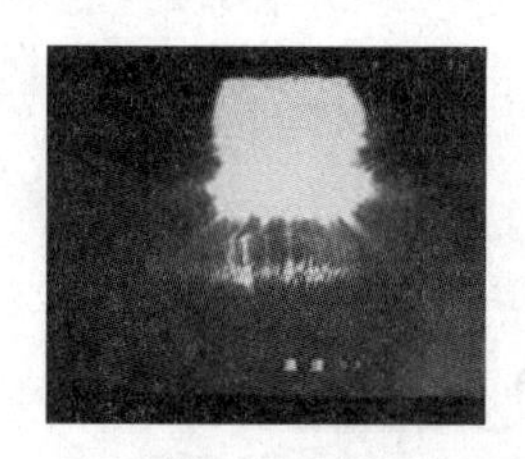

图 2-32 调整水平端耦合光斑

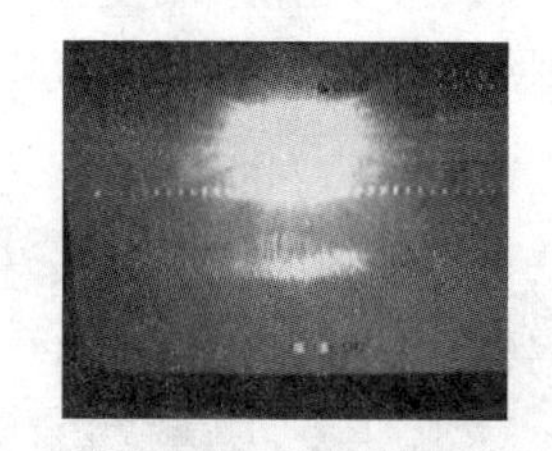

图 2-33 调整垂直端耦合光斑

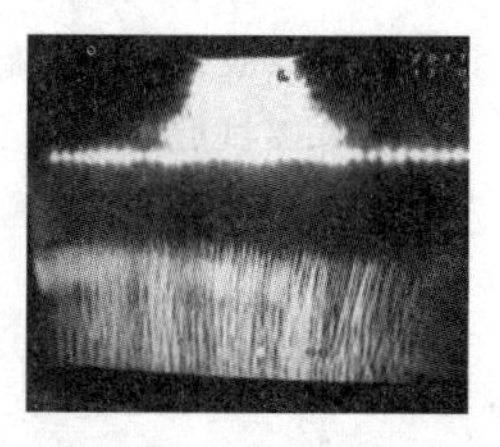

图 2-34 光斑不圆

器件插损调至最佳位置后，芯片与 FA 已经紧靠在一起，此时，将输入端 FA 和输出端 FA 各向后拉开 50 μm(对应微分螺杆是 5 个小格)，进入下一道点胶工序。

2. 点胶

(1) 点胶前，需确认通道有无对错，以及分纤的带纤是否错误。

(2) 点胶之前先用干无尘纸擦拭点胶棒，用点胶棒粘一滴 AT6001 紫外胶(胶量适中，能充满耦合面即可)。在耦合面上方停留，让胶自然落在耦合面处，注意此时点胶棒不能接触耦合面，通过显示器可以观察到胶是否充满耦合面，点胶棒用完之后用干无尘纸擦拭后放好。

(3) 调节调整架。

① 调整输入端微调旋钮，使输入端信号最大化。

② 调整输出端微调旋钮，使输出端信号最大化，点胶完成。

3. 照光(UV 固化)

待胶充分溢满耦合面后，再将微分螺杆推进 45 μm(对应微分螺杆是 4.5 个小格)，确认胶合面内无气泡，然后将 UV 紫外光探头移至耦合面正上方(将光斑中间对准耦合面)插损调至最小(符合工艺控制卡中的插损要求)，并记录此时 ChA 和 ChB 的数据。

打开紫外光源开关，进行曝光，注意佩戴防护眼镜，避免对眼睛造成伤害，可将碳素镊子放在耦合面下方反光，检查 UV 光是否完全覆盖点胶区域。

照光时间为 180 s，开始照光后，前 30 s 注意观察插损是否发生变化，如果变化，可用微调旋钮将插损调回原值，超过 30 s 后不能继续调试。过程中需检查 UV 光照射面是否完全覆盖点胶区域。

UV 固化完成后，用手轻轻挪动芯片，确定产品的 IL 没有变化，以确定胶是否完全固化。

松开夹具(先松开两边，再松开中间)，取下物料，记录固化后的 IL_A、IL_B；判断固化前后 IL 的变化，如果超过 $-0.05 \leqslant \triangle IL$(固化后－固化前)$\leqslant 0.15$，则需返修。

活动小结

耦合是 PLC 光分路器最重要的步骤之一，其中能使产品 IL 指标调试到最佳的位置是关键的技能。需熟练使用光源、功率计和 UV 固化系统，以及三维调整架的使用，并掌握耦合的调试操作。

项 目 小 结

(1) 光分路器又称为分光器，是光纤链路中最重要的无源器件之一，是具有多个输入端和多个输出端的光纤汇接器件，常用 $M\times N$ 来表示一个光分路器有 M 个输入端和 N 个输出端。

(2) 平面波导型(PLC)光分路器是一种基于石英基板的集成波导光功率分配器件。

(3) PLC 光分路器内部主要由一个 PLC 光分路器芯片和两端的光纤阵列耦合组成。芯片采用半导体工艺在石英基底上生长制作一层分光波导，芯片有一个输入端和 N 个输出端波导。然后在芯片两端分别耦合输入、输出光纤阵列。

(4) 耦合是指两个或两个以上的电路元件或电网络等的输入与输出之间存在紧密配合与相互影响，并通过相互作用从一侧向另一侧传输能量的现象。

(5) PLC 光分路器是采用半导体工艺(如光刻、腐蚀、显影等技术)制作的。光波导阵列位于芯片的上表面，分路功能集成在芯片上，也就是在一只芯片上实现 1∶1 等分路。然后，在芯片两端分别耦合输入端和输出端的多通道光纤阵列，并进行封装。

3

光波分复用器制造

随着 Internet 的 IP 数据业务高速增长，传输线路带宽的需求也在不断加大。再铺设更多的光缆显然费时费力，有什么办法可以在原有的光缆上进一步扩大传输容量和提高传输速率呢？波分复用（wavelength division multiplexing，WDM）技术就可以很好地解决这个问题。WDM 是利用多个激光器在单条光纤上同时发送多束不同波长激光的技术。每个信号经过数据（文本、语音、视频等）调制后都在它独有的色带内传输。WDM 能增加电话公司和其他运营商现有的光纤基础设施容量。制造商已推出了 WDM 系统，也称为 DWDM（密集波分复用）系统。DWDM 可以支持 150 多束不同波长的光波同时传输，每束光波最高可达到 10Gb/s 的数据传输率。这种系统能在一条比头发丝还细的光缆上提供超过 1Tb/s 的数据传输率。

任务一　认识光波分复用器

WDM 技术是将一系列载有信息但波长不同的光信号合成一束，沿着单根光纤传输，在接收端再用分波器，将各个不同波长的光信号分开的通信技术，如图 3-1 所示。光波分复用器（见图 3-2）采用的就是 WDM 技术。

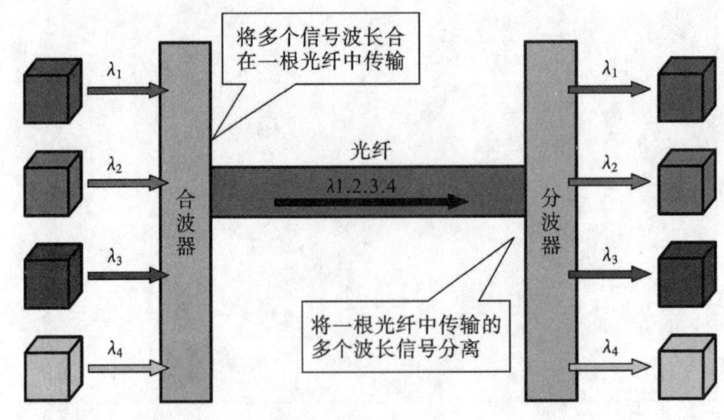

图 3-1　光波分复用技术工作原理示意图

这里可以将一根光纤看作是一条“多车道”的公用道路，传统的 TDM 系统只不过利用了这条道路的一条车道，提高比特率相当于在该车道上加快行驶速度来增加单位时间内的运输量。而 WDM 技术，类似利用公用道路上尚未使用的车道，以获取光纤中尚未开发的巨大传输能力。

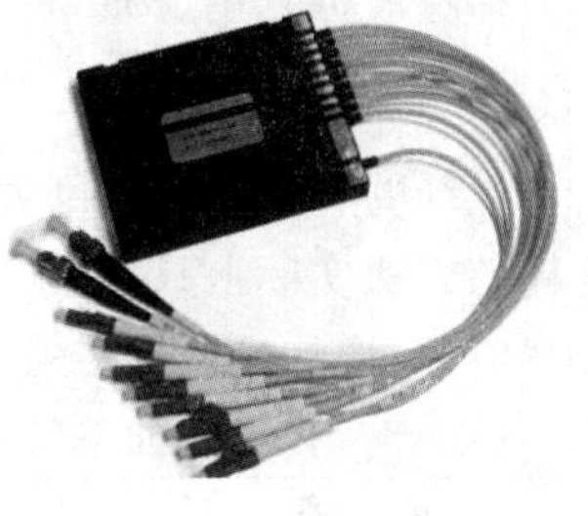

图 3-2 光波分复用器实物图

一、波分复用的基本概念及优势

波分复用技术从光纤通信出现伊始就出现了，两波长 WDM(1310/1550 nm)系统从 20 世纪 80 年代就在美国 AT&T 网中投入使用了，速率为 2×1.7Gb/s。从 1995 年开始，WDM 技术的发展进入了快车道，特别是基于掺铒光纤放大器(EDFA)的 1550 nm 窗口密集波分复用(DWDM)系统。世界上各大通信设备生产厂商和运营公司都对这一技术的商用化表现出极大的兴趣，WDM 系统在全球范围内得到了较广泛的应用。

目前，WDM 技术的发展十分迅速，具有巨大的生命力和广阔的发展前景，我国的光缆干线和一些省内干线均已采用 WDM 系统，并且国内一些厂商也正在积极开发这项技术。

通过本任务的学习，我们将对光波分复用器有一个初步的认识，掌握其基本原理、应用及优势 。

1. 波分复用的基本概念

光通信系统可以按照不同的方式进行分类。如果按照信号的复用方式来进行分类，可分为频分复用系统、时分复用系统、波分复用系统和空分复用系统。所谓频分、时分、波分和空分复用系统，是指按频率、时间、波长和空间来进行分割的光通信系统。应当说，频率和波长是紧密相关的，频分即波分，但在光通信系统中，由于波分复用系统分离波长是采用光学分光元件，不同于一般电通信中采用的滤波器，所以仍将两者分为两个不同的系统。

波分复用技术是光纤通信中的一种传输技术，它利用了一根光纤可以同时传输多个不同波长的光载波的特点，把光纤可能应用的波长范围划分成若干波段，每个波段作为一个独立的通道传输一种预定波长的光信号。光波分复用的实质是在光纤上进行光频分复用(OFDM)，只是因为光波通常采用波长而不采用频率来描述、监测与控制。随着电-光技术的向前发展，在同一光纤中波长的密度会变得很高，因而，我们称之为密集波分复用(dense wavelength division multiplexing，DWDM)，与此对照，还有波长密度较低的 WDM 系统，称之为稀疏波分复用(coarse wave division multiplexing,CWDM)。

2. WDM 的优势

光纤的容量是极其巨大的,而传统的光纤通信系统都是在一根光纤中传输一路光信号,这样的方法实际上只使用了光纤丰富带宽资源中很少的一部分。为了充分利用光纤的巨大带宽资源,增加光纤的传输容量,以密集波分复用(DWDM)技术为核心的新一代光纤通信技术已经产生,其具有如下特点。

1) 超大容量

目前使用的普通光纤可传输的带宽是很宽的,但其利用率还是很低。使用 DWDM 技术可以使一根光纤的传输容量比单波长传输容量增加几倍、几十倍乃至几百倍。现在商用最高容量光纤传输系统为 1.6Tb/s 系统,朗讯和北电网络两个公司提供的该类产品都采用 160×10Gb/s 方案(结构)。容量 3.2Tb/s 实用化系统的开发已具备良好的条件。

2) 对数据的透明传输

由于 DWDM 系统按光波长的不同进行复用和解复用,而与信号的速率和电调制方式无关,即对数据是透明的。一个 WDM 系统的业务可以承载多种格式的业务信号,如 ATM、IP 或者将来有可能出现的其他信号。WDM 系统完成的是透明传输,对于业务层信号来说,WDM 系统中的各个光波长通道就像虚拟的光纤一样。

3) 系统升级时能最大限度地保护已有投资

在网络扩充和发展中,无需对光缆线路进行改造,只需更换光发射机和光接收机即可,这是理想的扩容手段,也是引入宽带业务(例如,CATV、HDTV 和 B-ISDN 等)的方便手段,而且利用增加一个波长就可引入任意想要的新业务或新容量。

4) 高度的组网灵活性、经济性和可靠性

利用 WDM 技术构成的新型通信网络比用传统的电时分复用技术组成的网络结构要大大简化,而且网络层次分明,各种业务的调度只需调整相应光信号的波长即可。由于网络结构简化、层次分明,以及业务调度方便,由此带来的网络灵活性、经济性和可靠性是显而易见的。

5) 可兼容全光交换

在未来可望实现的全光网络中,各种电信业务的上/下、交叉连接等都是在光上通过对光信号波长的改变和调整来实现的。因此,WDM 技术将是实现全光网络的关键技术之一,而且 WDM 技术能与未来的全光网络兼容,将来可能会在已经建成的 WDM 技术的基础上实现透明的、具有高度生存性的全光网络。

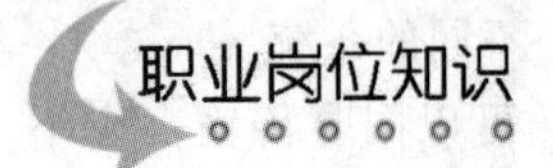

专用词汇及缩略语如表 3-1 所示。

表 3-1 专用词汇及缩略语

英文缩写	英 文 解 释	中 文 解 释
STM	Synchronous Transport Module	同步传送模块

续表

英文缩写	英文解释	中文解释
APD	Avalanche Photo Diode	雪崩光电二极管
ASE	Amplified Spontaneous Emission	放大自发辐射
BA	Booster Amplifier	功率放大器
BER	Bit Error Ratio	误码率
PON	Passive Optical Network	无源光网络
DCF	Dispersion Compensation Fiber	色散补偿光纤
DCM	Dispersion Compensation Module	色散补偿模块
DCN	Data Communication Network	数据通信网
DDN	Digital Data Network	数字数据网
DFB	Distributed Feedback	分布反馈
DSP	Digital Signal Processing	数字信号处理
DWDM	Dense Wavelength Division Multiplex	密集波分复用
EDFA	Erbium-Doped Fiber Amplifier	掺铒光纤放大器
GE	Gigabit Ethernet	千兆位以太网
GUI	Graphical User Interface	图形用户界面
LA	Line Amplifier	线路放大器
LAN	Local Area Network	局域网
OA	Optical Amplifier	光放大器
ODF	Optical Distribution Frame	光纤配线架
OHP	Overhead Processing	开销处理
OLA	Optical Line Amplifier	光线路放大器

思考与练习

1. 填空题

(1) WDM 是______的简称，其中 W 表示______，D 表示______，M 表示______。

(2) 波长与频率都可以用来描述光信号，两者的关系是______。

(3) 光无源器件根据功能的不同，具有很多种不同的类型，例如(至少写出 5 种)：

____

2. 问答题

WDM 技术的工作原理是什么？

二、光波分复用器的绕纤、散纤

模拟情境

在制作光波分复用器时，常常需要用到裸光纤，由于裸光纤又细又长，为了便于收纳和测试，最好的办法是将其绕成圈，如图 3-3 所示。

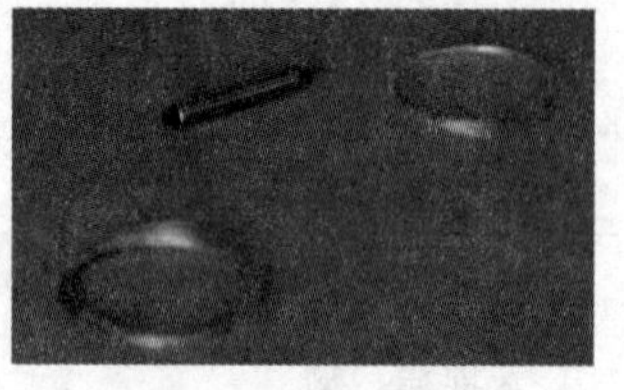

图 3-3 通管结构的 WDM 实物图

任务分析

如何将又细又长的裸光纤绕成圈？绕圈的尺寸有要求吗？绕成圈后如何将光纤散开呢？为了解决这些问题，本节我们将学习光波分复用器的绕纤、散纤。

任务书

任务指导书

任务编号	1	任务名称	光波分复用器的绕纤、散纤
任务目标	①______________________ ②______________________ ③______________________		
仪器设备			
实施过程	1. 绕纤的操作步骤 (1) 放置器件：将左手掌心大致朝______，器件放在______上(或用手指托住)。 (2) 保护器件：在离器件______ cm 处用左手食指和拇指捏住光纤。 (3) 定形：微微张开其余 3 指，让 5 指大致呈______形或______形，并目测绕成的光纤圈其直径是否介于______～______ mm(否则需调整手指张开的角度)。 (4) 绕圈：用右手将光纤一圈一圈绕在左手上，当还剩______ cm 时，用左手食指和拇指捏紧光纤，其余手指放开，右手将未绕的光纤在光纤圈上缠绕______扎，防止光纤______。 要求：光纤圈直径需介于______～______ mm，且各圈的大小基本一致，紧凑不松散。包装入库产品尾部光纤必须______，其他工位产品尾部未绕圈光纤要小于______ cm。 2. 散纤的操作步骤 (1) 放置器件：将左手掌心大致朝上，器件放在手心上(或用手指托住)，左手拇指和食指捏住离器件约 5 cm 的光纤圈。			

续表

实施过程	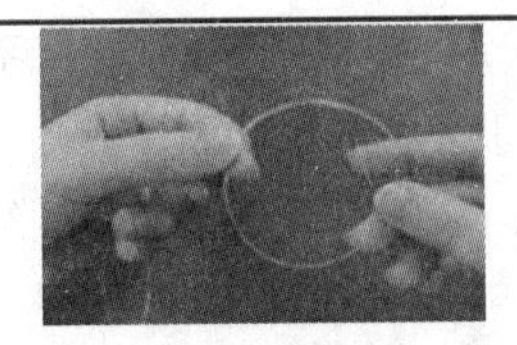 (2) 松扎:右手找到光纤末端,将绕在光纤圈上的光纤扎依次解开,直至拆开光纤圈上的光纤扎,最多剩余1扎。 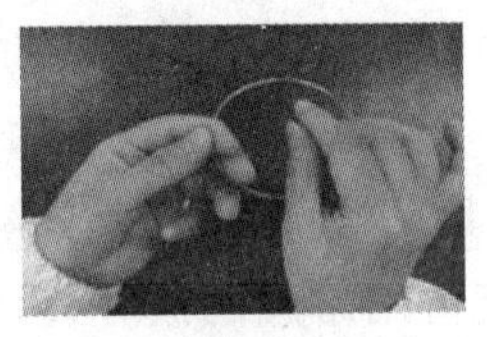 (3) 保护器件:左手在离器件1～3 cm处捏紧光纤。 (4) 散光纤圈:右手的四个手指头插入光纤圈(拇指在外),手心由内向外翻转并同时向右移动(适当抖动),移动速度保持光纤顺直即可,顺着光纤将光纤圈依次散开。 注意:散纤操作切不可过于用力,以免光纤线损坏或断裂。 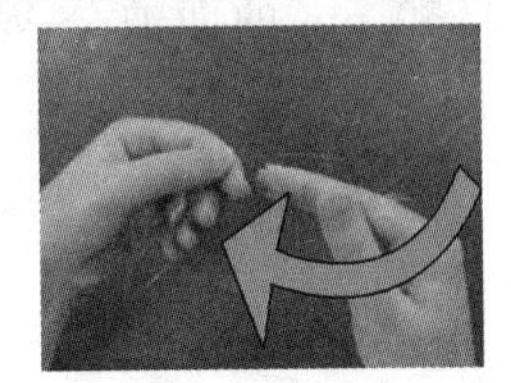 (5) 错误操作:左手捏在器件上。 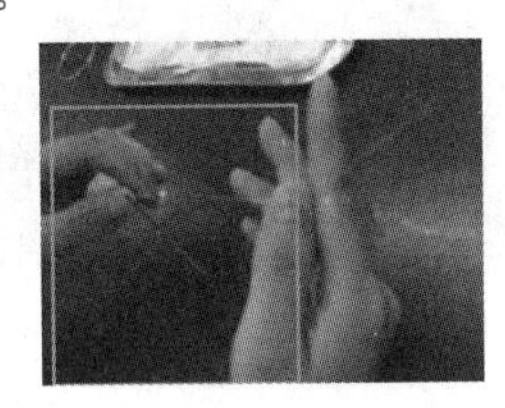
任务小结	

WDM 和 DWDM

人们在谈论WDM系统时,有时会谈到DWDM系统。WDM和DWDM是一回事吗?它们之间到底有哪些差别呢?其实,WDM和DWDM应用的是同一种技术,它们是在不同发展时期对WDM系统的称呼,它们与WDM技术的发展有着紧密的关系。

在20世纪80年代初,光纤通信兴起之初,人们想到并首先采用的是在光纤的两个低损耗窗口,即1310 nm和1550 nm窗口,各传送1路光波长信号,也就是1310 nm/1550 nm两波分的WDM系统,这种系统在我国也有实际的应用。该系统比较简单,一般采用熔融的波分复用器件,插入损耗小,没有光放大器,在每个中继站上,两个波长都进行解复用和光—

电一光再生中继,再复用后一起传向下一站。很长一段时间内,WDM系统就是指波长间隔为数十纳米的系统,例如1310 nm/1550 nm两波长系统(间隔达200 nm以上)。因为在当时的条件下,实现几个纳米波长间隔是不大可能的。

随着1550 nm窗口EDFA的商用化,WDM系统的应用进入了一个新时期。人们不再采用1310 nm窗口,而只用1550 nm窗口传送多路光载波信号。由于这些WDM系统的相邻波长间隔比较窄(一般为1.6 nm),且工作在一个窗口内共享EDFA光放大器,为了区别于传统的WDM系统,这种波长间隔更紧密的WDM系统称为密集波分复用系统。所谓密集,是指相邻波长间隔。过去WDM系统是几十纳米的波长间隔,现在的波长间隔小多了,只有0.8～2 nm,甚至小于0.8 nm。密集波分复用技术其实是波分复用的一种具体表现形式。由于DWDM光载波的间隔很密,因而必须采用高分辨率波分复用器件,例如平面波导型或光纤光栅型等新型光器件,而不能再用熔融的波分复用器件。

现在,人们都喜欢用WDM系统来称呼DWDM系统。从本质上讲,DWDM只是WDM的一种形式,WDM更具有普遍性,DWDM缺乏明确和准确的定义,而且随着技术的发展,原来认为所谓密集的波长间隔,在技术上也越来越容易实现,已经变得不那么"密集"了。一般情况下,如果不特指1310 nm/1550 nm的两波分WDM系统,人们谈论的WDM系统就是DWDM系统。

1. 绕纤的操作步骤

(1) 放置器件:将左手掌心大致朝上,器件放在手心上(或用手指托住)。

(2) 保护器件:在离器件1～3 cm处用左手食指和拇指捏住光纤。

(3) 定形:微微张开其余3指,让5指大致呈圆形或椭圆形,并目测绕成的光纤圈其直径是否介于55～60 mm(否则需调整手指张开的角度)。

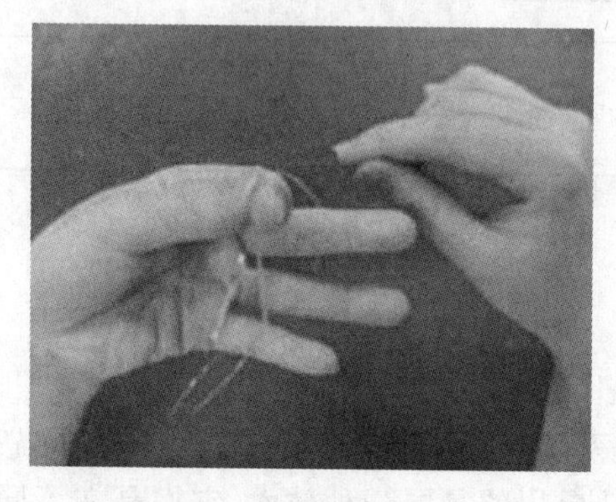

图3-4 绕圈操作示意图

(4) 绕圈:用右手将光纤一圈一圈绕在左手上,当还剩10～35 cm时,用左手食指和拇指捏紧光纤,其余手指放开,右手将未绕的光纤在光纤圈上缠绕4～8扎,防止光纤松动,如图3-4所示。

要求:光纤圈直径需介于55～60 mm,且各圈的大小基本一致,紧凑不松散。包装入库产品尾部光纤必须全部绕入光纤圈,其他工位产品尾部未绕圈光纤要小于5 cm。

注意:

(1) 光纤绕的扎数不可太多,以免浪费时间、引起线断和后续工序散开。

(2) 在操作过程中,尤其是上夹具时,注意防止光纤线90°弯折。

2. 散纤的操作步骤

(1) 放置器件:将左手掌心大致朝上,器件放在手心上(或用手指托住),左手拇指和食指捏住离器件约 5 cm 的光纤圈，如图 3-5 所示。

(2) 松扎：右手找到光纤末端，将绕在光纤圈上的光纤扎依次解开，直至拆开光纤圈上的光纤扎，最多剩余 1 扎，如图 3-6 所示。

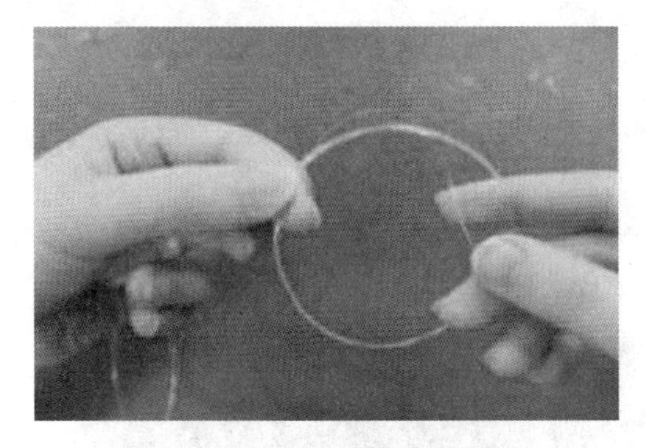

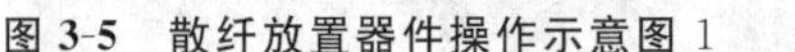

图 3-5 散纤放置器件操作示意图 1

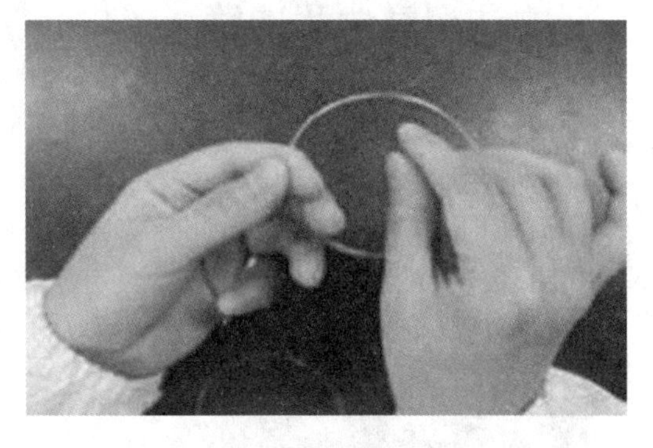

图 3-6 散纤放置器件操作示意图 2

(3) 保护器件：左手在离器件 1～3 cm 处捏紧光纤。

(4) 散光纤圈：右手的四个手指头插入光纤圈（拇指在外），手心由内向外翻转并同时向右移动（适当抖动），移动速度保持光纤顺直即可，顺着光纤将光纤圈依次散开，如图 3-7 所示。

注意：散纤操作切不可过于用力，以免光纤线损坏或断裂。

(5) 错误操作：左手捏在器件上，如图 3-8 所示。

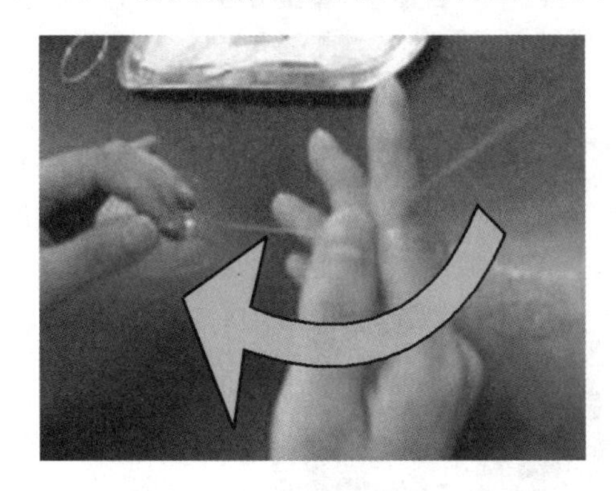

图 3-7 散光纤圈操作示意图

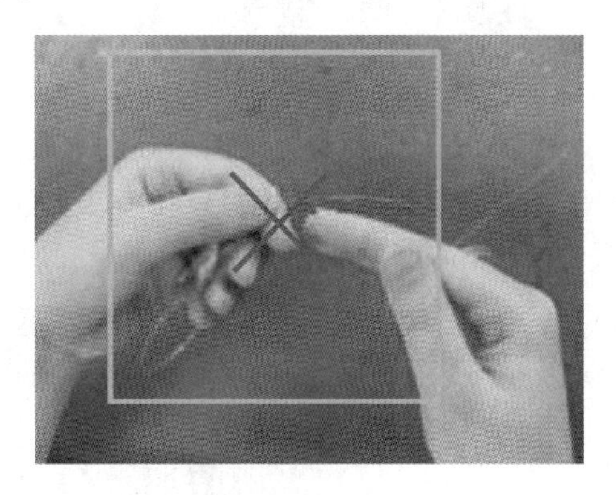

图 3-8 散纤错误操作

思考与练习

(1) 请简述绕纤的操作步骤及注意事项。

(2) 请简述散纤的操作步骤及注意事项。

任务二 光波分复用器的制作

光波分复用器的制作包括：物料清洗、将膜片贴在自聚焦透镜上构成自加膜、反射调试、补胶、上玻璃套管、芯检测、透射调试、循环、封装、成品检测、包装等步骤。其中最核心的技术就是将膜片贴在自聚焦透镜上构成自加膜。

一、认识膜片和透镜

膜片又称为滤波片(filter)，是 WDM 器件中最核心的功能组件，一般为 1.4 mm×1.4 mm×1.0 mm 的玻璃立方体，两面镀膜，如图 3-9 所示。

G 透镜即自聚焦透镜(grin lens)，自聚焦透镜又称为梯度渐变折射率透镜，是指其折射率分布沿径向渐变的柱状光学透镜，具有聚焦和成像功能，如图 3-10 所示。

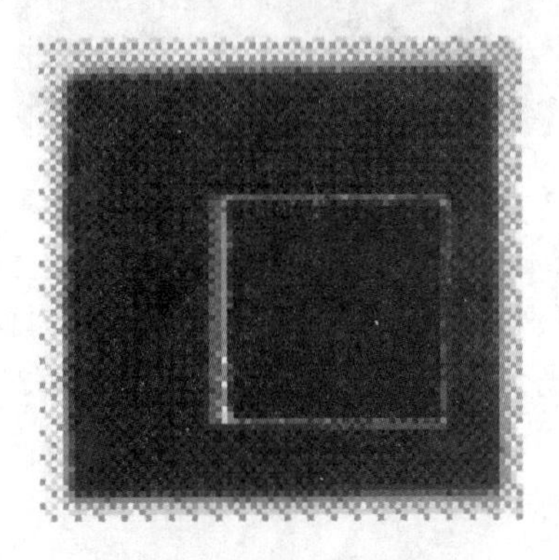

图 3-9 膜片实物图

图 3-10 自聚焦透镜实物图

光波分复用器的制作需要在专用的工位上完成，如图 3-11 所示，工位上有 UV 固化系统、体视显微镜、镊子等设备和工具。

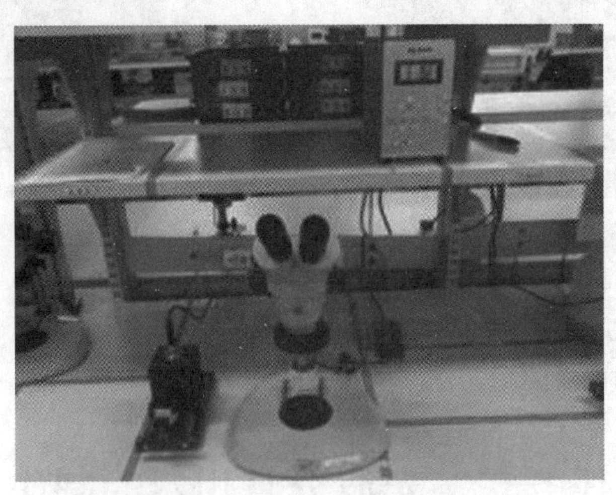

图 3-11 专用工位实物图

任务分析

制作光波分复用器的两个核心组件(膜片和透镜)的结构和功能是怎样的呢?为什么要用到体视显微镜和镊子?通过本次学习,我们将掌握这两个核心组件的制作流程。

任务书

任务指导书

任务编号	2	任务名称	认识膜片和透镜
任务目标	①______ ②______ ③______		
仪器设备			
实施过程	1. 制作膜片 (1) 镀滤波面:在玻璃基板上(厚度约 1 cm,直径约 15 cm)镀______面,如下图所示。 1 cm (2) 磨基板及抛光:将未镀膜的一面进行______、______,使基板的厚度达到 1 mm(或者其他指定的厚度),如下图所示。 1 mm (3) 镀增透面:抛光后,在______面上镀一层增透膜,如下图所示。 (4) 切片:将两面都______的基板切成 1.4 mm×1.4 mm 大小(或者其他指定的尺寸)的膜片,如下图所示。 2. 认识 G 透镜 G 透镜的中文全称是______,又称为梯度渐变折射率透镜,是指其折射率分布沿径向渐变的______状光学透镜,具有______和______功能。		
任务小结			

1. 膜片的基本概念

介质薄膜型波分复用器是由介质薄膜(DTF)构成的一类芯交互型 WDM 器件。DTF 干涉滤波器是由几十层不同材料、不同折射率和不同厚度的介质膜,按照设计要求组合而成的。

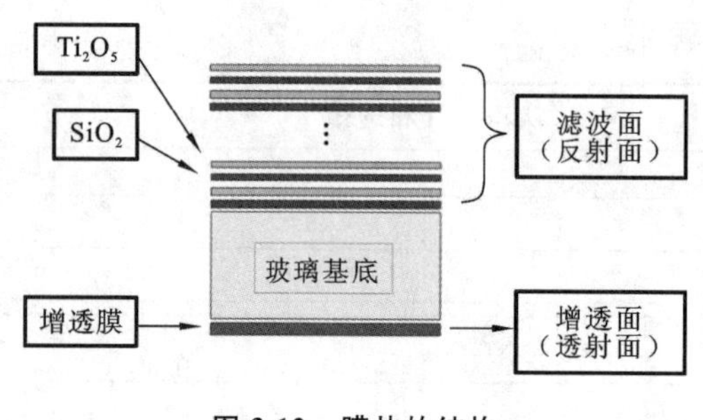

图 3-12 膜片的结构

2. 膜片的结构

膜片是两面镀膜的玻璃片。其中一面是滤波面反射面,另一面是增透面。滤波面是在玻璃基底上交替沉积二氧化硅和五氧化二钛,如图 3-12 所示。

3. 膜片的功能

根据薄膜干涉原理,当光入射到膜片时,滤波面的功能是让某种颜色的光(即对应某种波长的光)通过,让其他颜色的光反射。其中:反射面是让部分特定的光反射;增透面的功能是让所有的光都透过。

1. 膜片的制作流程

膜片的制作流程比较复杂,涉及镀膜、切割等多道工序。

1) 镀滤波面

在玻璃基板上(厚度约 1 cm,直径约 15 cm)镀滤波面,如图 3-13 所示。

2) 磨基板及抛光

将未镀膜的一面进行粗磨、抛光,使基板的厚度达到 1 mm(或者其他指定的厚度),如图 3-14 所示。

图 3-13 镀滤波面膜片示意图　　图 3-14 粗磨、抛光后膜片示意图

3) 镀增透面

抛光后,在未镀膜面上镀一层增透膜,如图 3-15 所示。

4) 切片

将两面都镀完膜的基板切成 1.4 mm×1.4 mm 大小(或者其他指定的尺寸)的膜片,如图 3-16 所示。

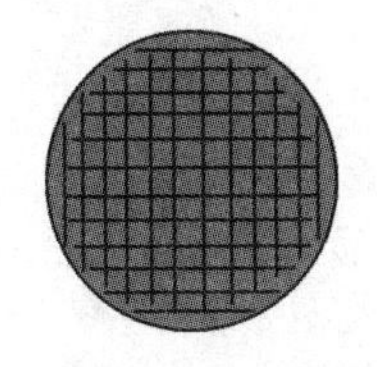

图 3-15 增透膜示意图

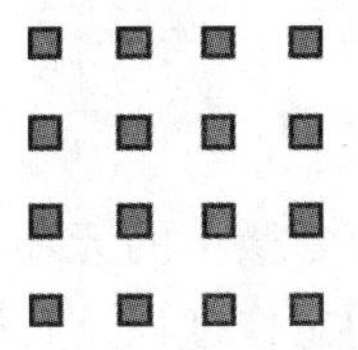

图 3-16 切片后的膜片示意图

2. 透镜使用中的注意事项

G 透镜(grin lens)的中文全称是自聚焦透镜,又称为梯度渐变折射率透镜,是指其折射率分布沿径向渐变的柱状光学透镜,具有聚焦和成像功能。该透镜在使用中应注意以下三点。

1) 储存

透镜在打开原包装较长时间(超过一个月)不使用时,应储存在一个干燥的环境里。可以在包装里使用干燥剂(如硅胶)或使用干燥皿以防止透镜材料受潮,这一点对于非镀膜透镜尤为重要。

2) 取放

因为微小的透镜在运输途中,有可能会脱离包装槽而附着在盒盖上,所以在打开透镜的包装盒时,应当特别小心地打开盒盖,避免在打开盒盖时丢失透镜。取放透镜时需用镊子夹取,并且应当夹住透镜的侧面(注意:不准夹持端面和用手触摸端面)从各自的槽体内取出。

3) 清洗

当透镜表面存在污迹,可能会影响正常使用,则必须对透镜表面进行清洗。建议使用含95%以上的甲醇或丙酮作为清洗剂,并确保透镜表面不留残渣。

思考与练习

(1) 膜片的制作过程包括哪几个步骤?

(2) G 透镜具有哪些功能?

二、光波分复用器的自加膜制作

光波分复用器的自加膜制作包括确认膜片规格、区分膜层、固定透镜、擦拭清洁、点胶、贴片、UV 固化、封边、自检、烘烤等步骤。其中最重要的步骤为贴片。

模拟情境

将膜片贴在自聚焦透镜上构成自加膜是制作光波分复用器的关键,如图 3-17 所示。

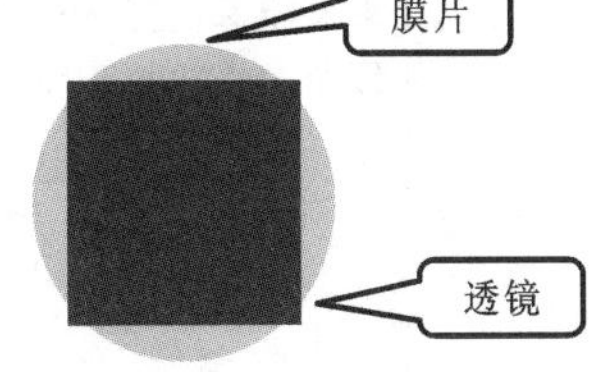

图 3-17 膜片与透镜的相对位置示意图

任务分析

膜片和透镜都是微小的元器件，贴片操作需要在体视显微镜下完成。本节将学习光波分复用器自加膜的制作过程及具体操作。

任务书

任务指导书

任务编号	3	任务名称	光波分复用器的自加膜制作
任务目标	①______ ②______ ③______		
仪器设备			
实施过程	1. 确认膜片规格 用______将膜片从盒子中取出，确认膜片规格型号、位置与放置______。 2. 区分膜层 在显微镜下观察、区分膜片的反射面与透射面。 反射面：颜色较______（通常为______色，有的是______色、______色等），且膜层较______。 透射面：颜色较______（无色透明），且膜层较______。 3. 固定透镜 将透镜______斜面一端插入固化夹具并______（注意膜片位置号与固化夹具号对应，如位置号 A2 对应夹具号 2）。		

续表

实施过程	4. 擦拭清洁 在______下用无尘纸蘸______清洁______平面端和______两面，要求擦拭时需使用干净的无尘纸用力擦拭，擦拭时只能______方向擦拭，不能______擦拭。要求膜片及透镜表面无酒精印渍和其他碎屑、灰尘，然后才能进行下道工序，不良品物品料要放入______区域。  5. 点胶 (1) 在膜片______面的4个角各点一次胶，胶的直径要小于______ mm，4个角的点胶量应一致且尽量______。 (2) 针对大膜片，在G透镜平面上点一______胶，胶的直径要小于______ mm，一______胶量应一致且尽量______。 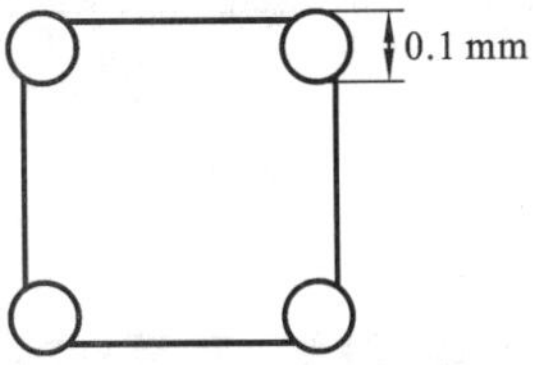 6. 贴片 用镊子夹住膜片______面，把膜片______面贴在透镜上，______面朝向透镜，水平贴到透镜上。 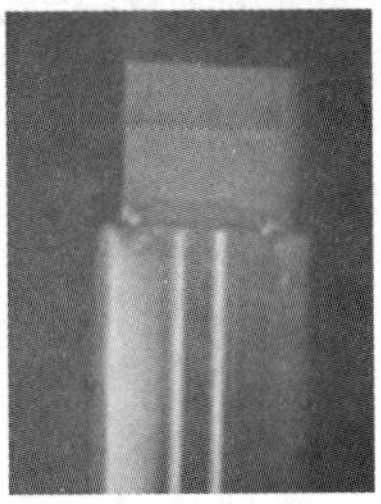 7. UV固化 迅速将固化夹具放入防紫外线罩中的照射区照射______ s，紫外光源功率______ mW，光导距离器件______ cm。 8. 封边 (1) 在膜片的______个侧边与透镜的交界处补少量胶，确保膜片四边都与透镜粘住且无缝隙，然后放入防紫外线罩中的照射区固化。 (2) 在已经封好边的膜片______均匀地补一圈胶，所上胶厚度要均匀，然后放入防紫外线罩中的照射区固化。 9. 自检 (1) 通道数、数量、员工号、制造单号和盒号填入标识卡，将合格产品按照通道数和位置号放入固化夹具中，不允许放错。

续表

实施过程	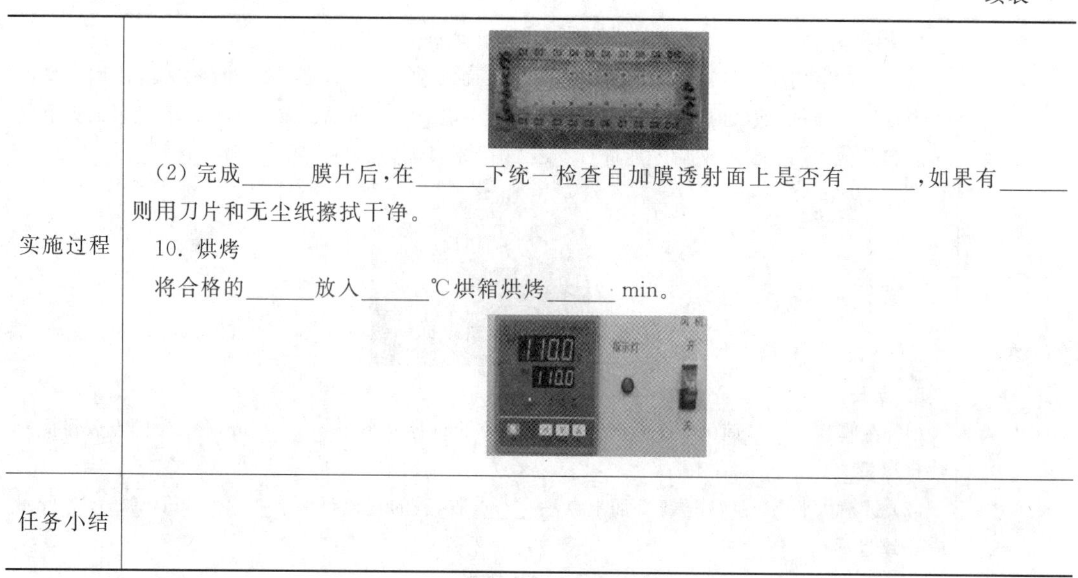 （2）完成______膜片后，在______下统一检查自加膜透射面上是否有______，如果有______则用刀片和无尘纸擦拭干净。 10. 烘烤 将合格的______放入______℃烘箱烘烤______ min。
任务小结	

知识链接

制作光波分复用器的各项工艺要求

1. 手指套要求

（1）手指不得留长指甲，操作时不得带戒指等手饰。

（2）需要清洁擦拭或者用到胶水的工序，两只手的手指（拇指、食指和中指）需要佩戴手指套。

（3）佩戴的手指套受到污染之后，需要尽快更换新的手指套，需要保证至少每间隔 4 h 更换一次手指套。

2. 剥纤、切割、熔接要求

（1）剥纤时，按照任务指导书操作，一次性地剥除 2～4 cm，严禁一次剥除较长的光纤。

（2）在熔接之前，需要使用蘸有无水酒精的无尘纸将光纤线上的碎屑擦拭干净。

3. 擦拭清洁要求

（1）使用棉签或无尘纸擦拭的时候，只能朝一个方向擦拭，不得来回擦拭。

（2）同一根棉签或者一张无尘纸擦拭脏污之后需要丢弃，最多使用三次，超过三次必须丢弃不能再使用。

4. 在制品的存放

（1）部分工序的在制半成品，例如：WDM 贴片之后的自加膜、反射调试之后的反射芯，在没有做透射调试之前，在车间自然环境下限定的存放时间为 8 h。

（2）若存放滞留时间超过 24 h，需要进行烘烤并且测试，测试合格的，再进行下一道工序。烘烤条件：温度 110±5 ℃。时间：60±5 min。

技能指导

1. 确认膜片规格

用金属镊子将膜片从盒子中取出，确认膜片规格型号、位置与放置方向，如图 3-18 所示。

2. 区分膜层

在显微镜下观察、区分膜片的反射面与透射面。

反射面：颜色较深（通常为紫红色，有的是绿色、黄色等），且膜层较厚，如图 3-19 所示。

透射面：颜色较浅（无色透明），且膜层较薄，如图 3-20 所示 。

图 3-18 盒装膜片实物图

图 3-19 膜片反射面实物图

图 3-20 膜片透射面实物图

3. 固定透镜

将透镜 8 度斜面一端插入固化夹具并固定（注意膜片位置号与固化夹具号对应，如位置号 A2 对应夹具号 2）。

4. 擦拭清洁

在显微镜下用无尘纸蘸酒精清洁透镜平面端和膜片两面，要求擦拭时需使用干净的无尘纸用力擦拭，擦拭时只能顺着一个方向擦拭，不能来回往复擦拭。要求膜片及透镜表面无酒精印渍和其他碎屑、灰尘，然后才能进行下道工序，不良品物品料要放入不良品区域。

5. 点胶

(1) 在膜片反射面（镀膜面颜色较深）的 4 个角各点一次胶，胶的直径要小于 0.1 mm（约一根裸光纤的直径），4 个角的点胶量应一致且尽量少。

(2) 针对大膜片，在 G 透镜平面上点一圈胶，胶的直径要小于 0.1 mm（约一根裸光纤的直径），一圈胶量应一致且尽量少。

6. 贴片

用镊子夹住膜片侧面，把膜片反射面贴在透镜上，反射面（点胶面）朝向透镜，水平贴到透镜上。

7. UV 固化

迅速将固化夹具放入防紫外线罩中的照射区照射（30±5）s，紫外光源功率 1000～2000 mW，光导距离器件 1～2 cm。

8. 封边

(1) 在膜片的四个侧边与透镜的交界处补少量胶，确保膜片四边都与透镜粘住且无缝隙；然后放入防紫外线罩中的照射区固化。

（2）在已经封好边的膜片四周均匀地补一圈胶，所上胶厚度要均匀，然后放入防紫外线罩中的照射区固化。

9. 自检

（1）通道数、数量、员工号、制造单号和盒号填入标识卡，将合格产品按照通道数和位置号放入固化夹具中，不允许放错。

（2）完成一板膜片后，在显微镜下统一检查自加膜透射面上是否有 UV 固化胶，如果有胶则用刀片和无尘纸擦拭干净。

10. 烘烤

将合格的自加膜放入 110±5 ℃烘箱烘烤 60±5 min。

思考与练习

1. 填空题

（1）贴片所用的物料有______和______，贴片后的产品名称为______。

（2）在显微镜下观察、区分膜片的______面[该面颜色______（深、浅），膜层______（薄、厚）]与______面[该面颜色______（深、浅），膜层______（薄、厚）]。

（3）在贴片时，将______的______度斜面一端插入固化夹具并固定。

（4）迅速将固化夹具放入防紫外线罩中的照射区照射______ s，要求紫外光源功率______ mW，光导距离器件 1～2 cm。

（5）在膜片的______各点一次胶，胶的直径小于______ mm（约一根裸光纤的直径），胶量应一致且尽量少。

（6）将合格的膜片按照通道数和位置号放入固化夹具上后统一放入______℃烘箱烘烤，烘烤时间为______，并做好烘烤记录。

2. 简答题

怎样擦拭 G 透镜和膜片？

光波分复用器的测试

任务指导书

任务编号	4	任务名称	光波分复用器的测试
任务目标	①______ ②______ ③______		
仪器设备			

续表

实施过程	1. 芯检测 1)点检设备 (1) 点检设备包括____________点检、____________点检。 (2) 画出器件连接示意图。 2) 清零 根据工艺控制卡上的要求设置波长、光路 1 和光路 2 熔接、选定光功率计通道、区分短波和长波、以及______清零。 3) 参数 IL、PDL 测量 (1) 将 WDM 芯的一端与光路 1 连接,另一端与光路 2 连接,读数即为 IL 值。 (2) 画出器件连接示意图。 4) 高温测试 高温烘烤等待时间从____ min 修改为:最终以 IL 实际变化稳定时为准,但不低于____ s。 2. OSA 检测 1) 点检设备 (1) 点检设备包括__________、__________、__________。 (2) 画出光路连接示意图。 2) 存储光源清零 将光源线分别与______线、______线熔接,光开关对应地转到 Ch1、Ch2 通道,在 OSA 界面手动操作清零,使用“Log(/Div)”功能,观察清零是否满足测试要求。 3) 待测器件连接 (1) 将光源线与器件的公共端(染色端)熔接,透射线 Ch1 与器件的透射端熔接,反射线 Ch2 与器件的反射端熔接。 (2) 画出光路连接示意图。

续表

实施过程	4）温度测试 包括______测试、______测试和______测试。
任务小结	

基本活动

测试一共分为两个检测，分别为芯检测和OSA检测。

1．芯检测

1）点检设备

（1）点检设备包括熔接机校正点检、熔接机损耗点检。

（2）熔接机校正：进入熔接机操作界面，找到“放电校正”及“马达校正”，点击“确认”，将光纤放入熔接机，完成校正操作。

（3）熔接机损耗点检：光源清零之后，取适当长度掐断光源线，将光源线切割好后熔接，功率计显示的IL值与熔接机显示的IL值的差为△IL(小于0.01 dB)。

（4）测试标准件的IL_p、IL_r：测试数据要在标准件对应数据±0.03 dB范围内为合格，不合格则继续进行测试，直至测试合格为止。

（5）器件连接示意图，如图3-21所示。

2）清零

根据工艺控制卡上的要求设置波长，光路1和光路2熔接，选定光功率计通道，区分短波和长波，以及存储光源清零。

3）参数IL、PDL测量

（1）将WDM芯的一端与光路1连接，另一端与光路2连接，读数即为IL值。如果是DWDM芯，需摇动偏振控制器，查看IL和PDL指标。

（2）器件连接示意图，如图3-22所示。

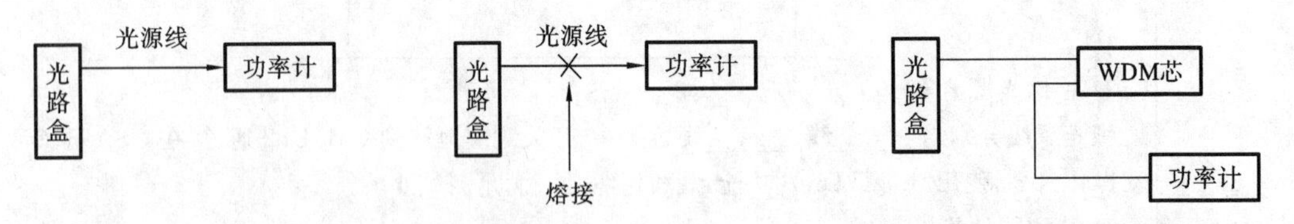

图3-21 芯检测器件连接示意图

图3-22 清零器件连接示意图

4）高温测试

高温烘烤等待时间从2～3 min修改为：最终以IL实际变化稳定时为准，但不低于40 s(IL值精确到0.01 dB即可)。如果是DWDM芯，需摇动偏振控制器，查看IL和PDL指标。

2．OSA检测

1）点检设备

（1）点检设备包括熔接机、宽带光源、OSA。

（2）存储光源：将光源线与 OSA 线熔接，存储光源清零。

（3）熔接机校正：进入熔接机操作界面，找到“放电校正”及“马达校正”，点击“确认”，将光纤放入熔接机，完成校正操作。

（4）测试标准件的 IL_p、IL_r：测试数据要在标准件对应数据±0.03 dB 范围内为合格，不合格则继续进行测试，直至测试合格为止。

（5）点检设备器件连接示意图，如图 3-23 所示。

2）存储光源清零

将光源线分别与透射线、反射线熔接，光开关对应地转到 Ch1、Ch2 通道，在 OSA 界面手动操作清零，使用“Log(/Div)”功能，观察清零是否满足测试要求。

3）待测器件连接

将光源线与器件的公共端（染色端）熔接，透射线 Ch1 与器件的透射端熔接，反射线 Ch2 与器件的反射端熔接，如图 3-24 所示。

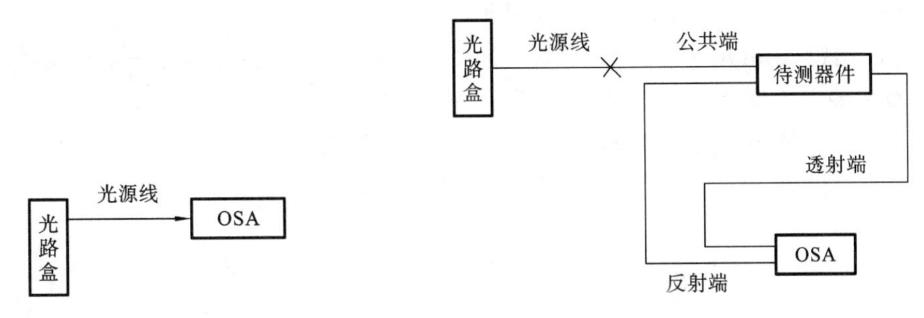

图 3-23 点检设备器件连接示意图

图 3-24 待测器件连接示意图

4）温度测试

（1）常温测试。

① 透射端测试：将光开关打到 Ch1，使用“Trace”功能，调出透射曲线，点击“Single”，使用 OSA 的“Marker”功能，小光标在透射曲线上滑动，在对应的取值范围找到每个需要测试的光学指标，并将数据填写在流程单上。

② 反射端测试：将光开关打到 Ch2，使用“Trace”功能，调出反射曲线，点击“Single”，使用 OSA 的“Marker”功能，小光标在透射曲线上滑动，在对应的取值范围找到每个需要测试的光学指标，并将数据填写在流程单上。

（2）低温测试。

根据工艺控制卡要求，设置好冷盘温度，将器件轻轻地放入冷盘 2～3 min，观察 IL 的变化，待曲线稳定后，记录稳定的 IL 值。

（3）高温测试。

根据工艺控制卡要求，设置好热盘温度，将器件轻轻地放入热盘 2～3 min，观察 IL 的变化，待曲线稳定后，记录稳定的 IL 值。

活动小结

测试是制作 WDM 器件一个重要的环节，只有具有良好、熟练的操作习惯，我们才能够制作出性能合格、外观优异的器件，并且还要熟悉使用各种胶水，以及封装的各项操作工序。

项目小结

(1) 波分复用(wavelength division multiplexing，WDM)技术是将一系列载有信息、但波长不同的光信号合成一束，沿着单根光纤传输，在接收端再用分波器，将各个不同波长的光信号分开的通信技术。

(2) 波分复用是光纤通信中的一种传输技术，它利用了一根光纤可以同时传输多个不同波长的光载波的特点，把光纤可能应用的波长范围划分成若干个波段，每个波段作为一个独立的通道传输一种预定波长的光信号。

(3) 膜片又称为滤波片(filter)，是 WDM 器件中最核心的功能组件，一般为 1.4 mm×1.4 mm×1.0 mm 的玻璃立方体，两面镀膜。

(4) G 透镜(grin lens)的中文全称是自聚焦透镜，又称为梯度渐变折射率透镜，是指其折射率分布沿径向渐变的柱状光学透镜，具有聚焦和成像功能。

(5) 光波分复用器的自加膜制作包括确认膜片规格、区分膜层、固定透镜、擦拭清洁、点胶、贴片、UV 固化、封边、自检、烘烤等步骤。其中最重要的步骤是贴片。

4

光放大器

随着 Internet 数据量的急剧增长，需要更大的传输容量。如果敷设更多的光缆，成本过高，受器件响应速度的限制，也不能提高传输速率，但光放大器的出现解决了这一难题。

光放大器的作用就是放大光信号，在保持光信号特征不变的条件下，增加光信号功率的有源设备。在此之前，放大传送信号都要实现光—电转换及电—光转换，即 O/E/O 转换。有了光放大器后就可直接实现光信号放大。光放大器的成功开发及其产业化是光纤通信技术中的一个非常重要的成果，其大大地促进了光复用技术、光孤子通信，以及全光网络的发展。光放大器在光纤通信系统中的应用如图 4-1 所示。

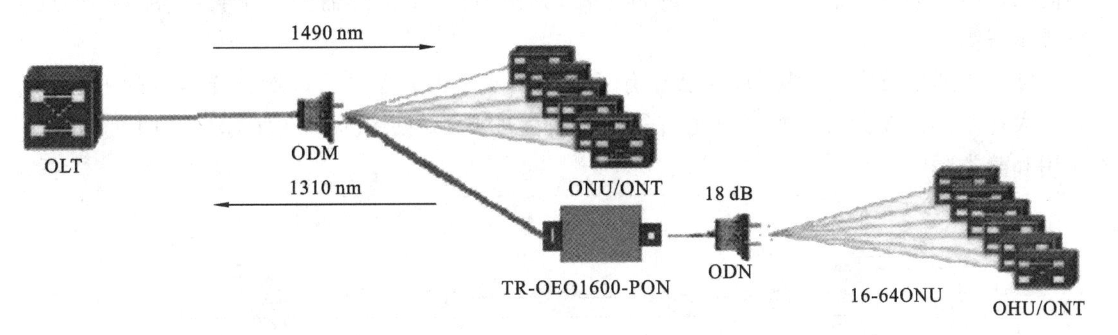

图 4-1　光放大器在光纤通信系统中的应用

任务一　认识光放大器

光放大器是对微弱的光信号直接进行放大的有源光器件，其主要功能是放大光信号，以补偿光信号在传输过程中的衰减，增加光纤传输系统无中继距离。目前光放大器在光纤通信系统中最重要的应用就是促使了波分复用技术走向实用化。

光放大器主要有两种类型：半导体光放大器(SOA)和光纤放大器(FOA)，如图 4-2 所示。

(1) 半导体光放大器分为谐振式放大器和行波式放大器。

(2) 光纤放大器分为掺稀土元素光放大器和非线性光纤放大器。非线性光纤放大器分为拉曼(SRA)光纤放大器和布里渊(SBA)光纤放大器。

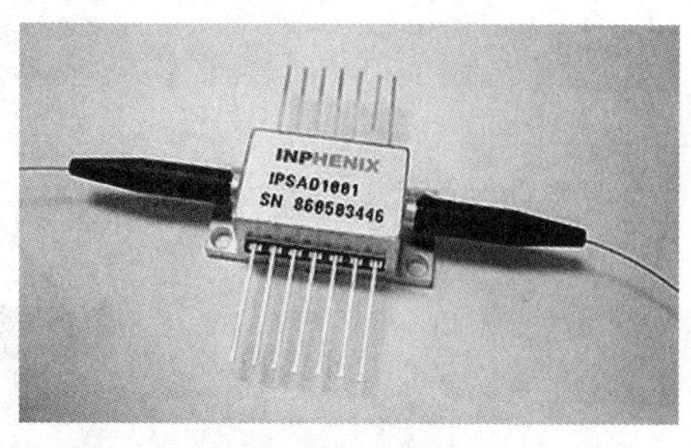

(a) 半导体光放大器

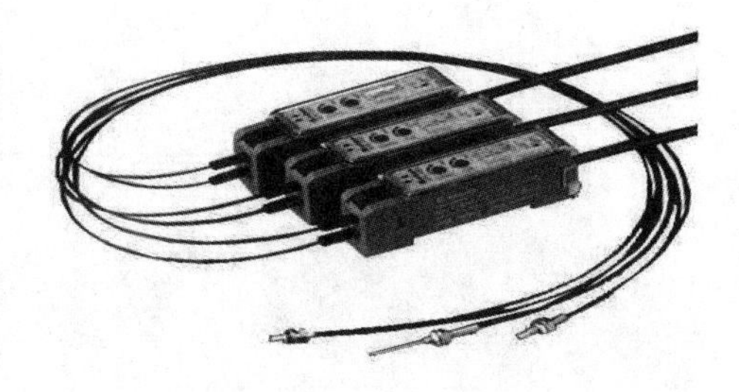

(b) 光纤放大器

图 4-2 两种主要类型的光放大器

一、光放大器的原理与分类

模拟情境

众所周知，光纤具有一定的损耗，光信号沿光纤传播将会衰减，传输距离也受到了限制。因此，为了使信号传得更远，我们必须增强光信号。传统增强光信号的方法是使用再生器。但是，这种方法存在许多缺点。首先，再生器只能工作在确定的信号比特率和信号格式下，不同的比特率和信号格式需要不同的再生器；其次，每一个信道需要一个再生器，网络的运维成本很高。

随着光通信技术的发展，现在已经有了一种不采用再生器也可以增强光信号的方法，即光放大技术。光放大器是如何把光信号进行放大的呢？(见图 4-3)在实际生活中又有哪些应用和分类呢？

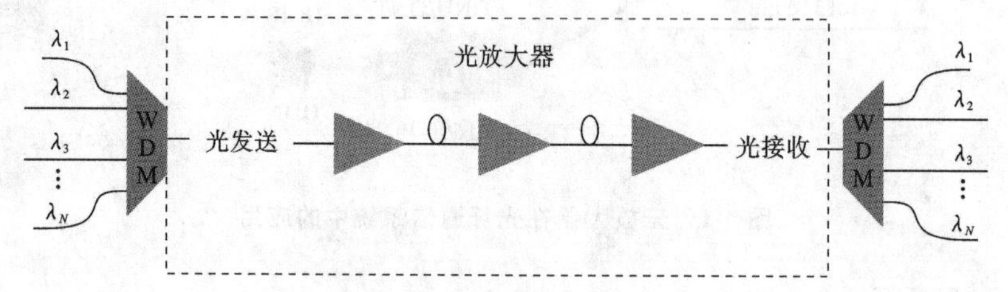

图 4-3 光放大器

任务分析

通过本任务的学习，我们将对光放大器有一个初步的认识，了解并掌握其特点、基本原理和分类。

知识链接

1. 光放大器的特点

简单来讲，光放大器是用来提高光信号强度的器件，其作用如图 4-4 所示。

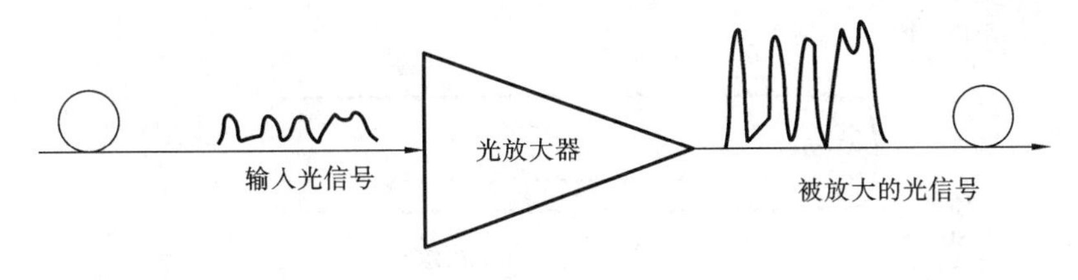

图 4-4 光放大器的作用

因此，光放大器的工作不需要先将光信号转换为电信号，然后再转为光信号。这个特性使光放大器具有以下两大优势。

(1) 光放大器支持任何比特率和信号格式，光放大器是一个模拟光学器件，其输入信号和输出信号相同，只放大光强和附加噪声。光放大器显著的优点在于其能够直接放大光信号，对信号格式和速率高度透明，使系统更加简单、灵活。

(2) 光放大器不仅支持单个信号波长放大，而且支持一定波长范围内的光信号放大。例如，下面将要学习的掺铒光纤放大器(EDFA)，它能够放大波长从 1530～1610 nm 的所有信号。利用光放大器还可以进行各种光信号处理。例如，波长变换、波长选择、光开关和光再生等，从而增加网络的光信号控制、处理能力。因此，光放大器的发明是光纤通信技术领域的一场新技术革命——真正的全光通信。

2. 光放大器的原理

光放大器是基于受激辐射机理来实现入射光功率放大的，其工作原理如图 4-5 所示。

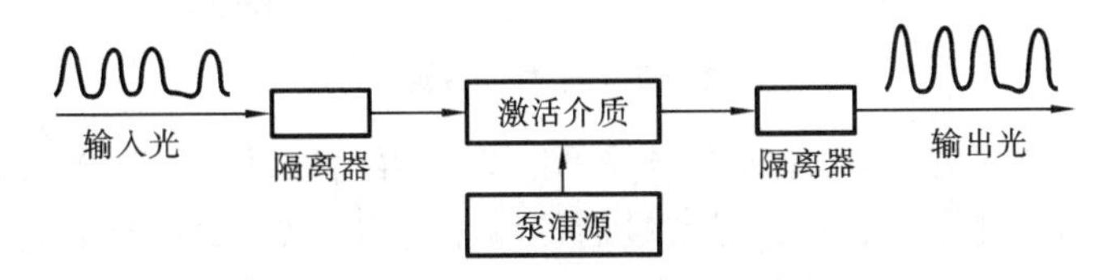

图 4-5 光放大器的工作原理

图 4-5 中的激活介质为一种稀土掺杂光纤，它吸收了泵浦源提供的能量，使电子跳到高能级上，产生粒子数反转，输入信号光子通过受激辐射过程触发这些已经激活的电子，使其跃迁到较低的能级，从而产生一个放大信号。泵浦源是具有一定波长的光能量源。对目前使用较为普及的掺铒光纤放大器来说，其泵浦源的波长有 1480 nm 和 980 nm 两种，激活介质则为掺铒光纤。

图 4-6 所示为掺铒光纤放大器中掺铒光纤(EDF)长度、泵浦光强度与信号光强度之间的关系。

由图 4-6 可知，泵浦光能量入射到掺铒光纤后，把能量沿光纤逐渐转移到信号上，即对信号光进行放大。当沿掺铒光纤传输到某一点时，可以得到最大的信号光输出。所以对掺铒光纤放大器而言，有一个最佳长度，这个长度在 20～40 m，而 1480 nm 泵浦光的功率为数十毫瓦。

需要指出的是，在光纤通信系统的构成中，再生中继器与光放大器的作用是不同的，如图 4-7 所示。

再生中继器可产生表示原有信息的新信号，消除脉冲信号传输后的展宽，并将脉冲调整

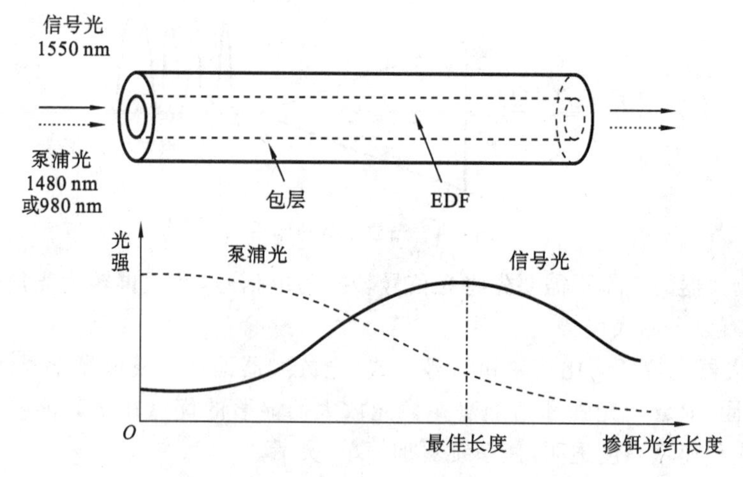

图 4-6 掺铒光纤放大器相关量之间的关系

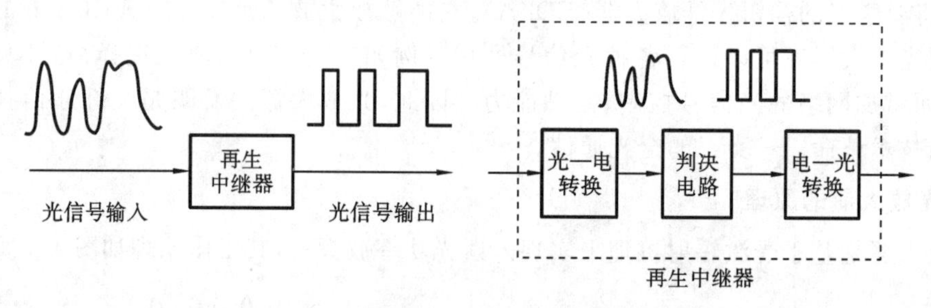

图 4-7 再生中继器

到原来的水平，从这个意义上讲，光放大器并不能代替再生中继器。光放大器存在着噪声积累，而且不能消除色散对脉冲展宽。当信号的传输距离在 500～800 km 时，可采用光放大器来补偿信号的衰减，当超过这个距离时，再生中继器则是必不可少的。

3. 光放大器的分类

按照工作原理不同，光放大器可以分为受激辐射光放大器、受激散射光放大器和参量放大器。按照工作介质不同，光放大器可以分为半导体光放大器、掺稀土元素光纤放大器和非线性光纤放大器。按照增益范围长短不同，光放大器可以分为分立式放大器和分布式放大器。图 4-8 所示为光放大器的分类。

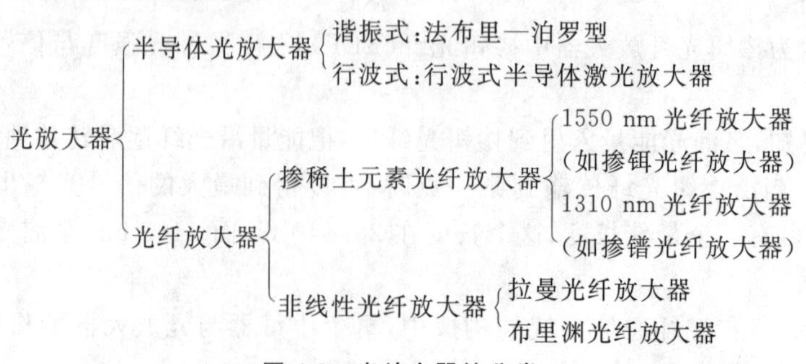

图 4-8 光放大器的分类

职业岗位知识

光放大器技术极大地推动了光纤通信的发展，而光传输网络的发展也为光放大器技术的发展提出了更高的要求。当前，提高光纤通信系统容量的具体方法是采用波分复用技术和时分复用技术。

2001 年，国际电信联盟电信标准分局（以下简称 ITU-T）建议将单模光纤传输系统的低衰减工作波段 1260～1675 nm 进一步细分为 6 个波段，如表 4-1 所示。

表 4-1　光放大器的放大波段、工作范围和放大技术

波段名称	含义	波长(nm)	光放大技术
O 波段	原始	1260～1360	掺镨光纤、半导体、拉曼
E 波段	扩展	1360～1460	拉曼、掺钍光纤
S 波段	短	1460～1530	掺铥光纤、拉曼、铒-镱共掺光纤
C 波段	常用	1530～1565	掺铒光纤、半导体、拉曼、铒-镱共掺光纤
L 波段	长	1565～1625	掺铒光纤、拉曼、碲-铒共掺光纤
U 波段	超长	1625～1675	—

随着信息技术和光通信技术的发展，宽带多波长光纤网络将成为信息网络的主流，而相应的光放大方式必将由单一的放大模式向混合放大模式发展。

思考与练习

1. 填空题

（1）光放大器有多种类型，按工作原理可分为______________、______________和______________。

（2）光放大器是基于______________原理，实现______________的一种器件，其机制与激光器完全相同。

2. 简答题

（1）光放大器有什么作用？

（2）光放大器在光纤通信中有哪些重要用途？

二、光放大器的主要性能指标

模拟情境

光放大器在现代光通信系统中有着广泛的应用，高速光信号的再生和损耗色散是限制光通信系统的主要因素。光放大器是补偿损耗和实现光放大的有效器件，但光放大器对整个系统的性能也会产生一定的影响。故对光放大器的主要要求为高增益、低噪声、高输出光功率、低非线性失真。

任务分析

光放大器是一个模拟器件，其性能参数都是模拟参数，包括增益、噪声指数、增益带宽和饱和输出功率等。

知识链接

光放大器的主要性能参数如下。

1）增益

光放大器是由增益介质和激励系统两部分组成的。增益介质用于光放大，而激励系统可以保证增益介质产生粒子数反转。

光放大器的增益 G 定义为输出光功率与输入光功率之比，即

$$G=\frac{P_{out}}{P_{in}} \tag{4-1}$$

式中：P_{out} 和 P_{in} 分别为输出光功率和输入光功率，单位均为瓦特(W)。

在光纤通信工程中，光放大器的增益 G 常用 dB 来表示，即

$$G=10\lg\left(\frac{P_{out}}{P_{in}}\right) \tag{4-2}$$

2）噪声指数

所有的光放大器都会使放大的信噪比(SNR)发生劣化。因为在信号放大过程中，自发辐射会在信号中添加一些噪声。光放大器噪声指数(NF)的定义式为光放大器输入、输出端口的信噪比(SNR)的比值，即

$$\mathrm{NF}=\frac{(\mathrm{SNR})_{in}}{(\mathrm{SNR})_{out}} \tag{4-3}$$

式中：SNR 为当光信号被转换为电信号时所产生的电功率。通常，噪声指数(NF)的大小与控制检测器热噪声相关的一些检测器参数有关。

3）增益带宽

增益带宽是指光放大器有效的频率（或波长）范围，通常指增益从最大值下降 3 dB 时，对应的波长范围，如图 4-9 中 λ_a、λ_b 之间。增益带宽的单位为纳米(nm)。

对于 WDM 系统，所有光波长通道都会放大，因此，光放大器必须具有足够大的增益带宽。

4）饱和输出功率

光放大器的输入光功率范围具有一定的要求，当输入光功率大于某一阈值时，如图 4-10 所示，就会出现增益饱和。

增益饱和是指输出功率不再随输入功率增加而增加或者增加很小。根据 ITU-T 的建议，当增益比正常情况低 3 dB 时的输出光功率称为饱和输出功率，如图 4-10 所示 P_S，其单位

通常用 dBm 表示。

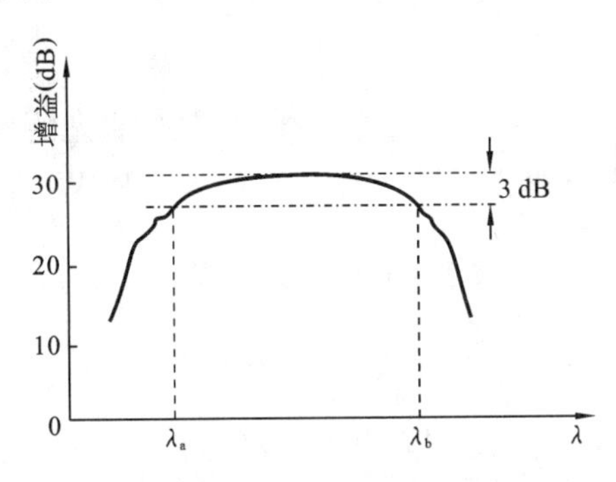

图 4-9 增益与输入信号的波长之间的关系

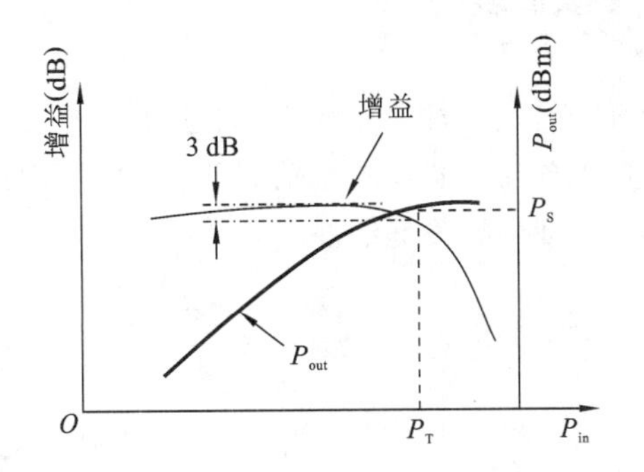

图 4-10 增益、输出功率与输入功率之间的关系

1. 填空题

(1) 掺铒光纤放大器具有________、________、________、输出功率高等优点。

(2) 光放大器的噪声主要来自它的________，充分提高放大信号的信噪比有利于减小噪声。

2. 判断题

一般情况下，光增益仅与入射光频率有关。 ( )

任务二 光放大器的应用

光纤放大器有一种类型为掺稀土离子光纤放大器。掺稀土离子光纤放大器是采用稀土金属离子作为工作物质，利用离子的受激辐射进行光信号放大。用于光放大器的稀土金属离子通常有铒(Er)、钕(Nd)、镨(Pr)、铥(Tm)等。掺稀土离子光纤放大器中技术比较成熟的是掺铒光纤放大器，如图 4-11 所示。

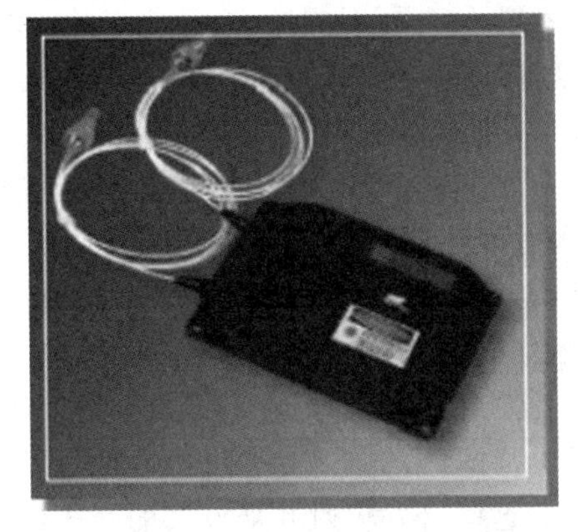

图 4-11 掺铒光纤放大器

铒(Er)是一种稀土元素，将它注入纤芯中，即形成一种特殊的光纤，它在泵浦光的作用下可直接对某一波长的光信号进行放大，因此称为掺铒光纤放大器。它是大容量 WDM 系统中必不可少的关键部件。

掺铒光纤放大器在光纤通信系统中的主要作用是延长通信中继距离，当它与波分复用技术结合时，可实现超大容量、超长距离传输。熟悉掺铒光纤放大器的工作原理，可以更好地了解其实际应用。

1. 掺铒光纤放大器的工作原理

掺铒光纤是光纤放大器的核心，是一种内部掺有一定浓度 Er^{3+} 的光纤。铒离子的外层电子具有三能级结构，其中，E_1 为基态能级、E_2 为亚稳态能级、E_3 为激发态能级，如图 4-12 所示。

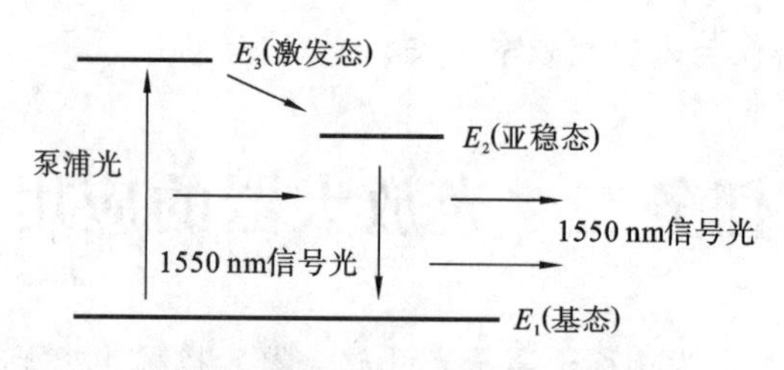

图 4-12 掺铒光纤能级图

当用高能量的泵浦光来激励掺铒光纤时，可以使铒离子的束缚电子从基态能级大量激发到激发态能级 E_3 上。然而，激发态能级是不稳定的，因而铒离子会很快经过无辐射跃迁(即不释放光子)落入亚稳态能级 E_2。而 E_2 是一个亚稳态的能级，在该能级上，粒子的存活寿命较长(大约为 10 ms)。受到泵浦光激励的粒子，以非辐射跃迁的形式不断地向该能级汇集，从而实现粒子数反转分布，即亚稳态能级 E_2 上的离子数比基态能级 E_1 上的多。当 1550 nm波长的光信号通过这段掺铒光纤时，亚稳态的粒子受信号光子的激发以受激辐射的形式跃迁到基态，并产生与入射信号光子完全相同的光子，从而大大增加了信号光中的光子数量，即实现了信号光在掺铒光纤传输过程中不断被放大的功能。

在 EDFA 中绝大多数受激铒离子因受激辐射而被迫回到基态 E_1，但它们中有一部分是自发回落到基态的。当这些受激离子衰变时，它们也自发地辐射光子。自发辐射的光子与信号光子在相同的频率(波长)范围内，但它们是随机的。那些与信号光子同方向的自发辐射的光子也在 EDFA 中放大。这些自发辐射并被放大的光子组成放大的自发辐射(ASE)。由于它们是随机的，即对信号没有贡献，但是却产生了在信号光谱范围内的噪声。

2. 掺铒光纤放大器的应用

掺铒光纤放大器在光纤通信系统中主要用作前置放大器、功率放大器和线路放大器，如图 4-13 所示。

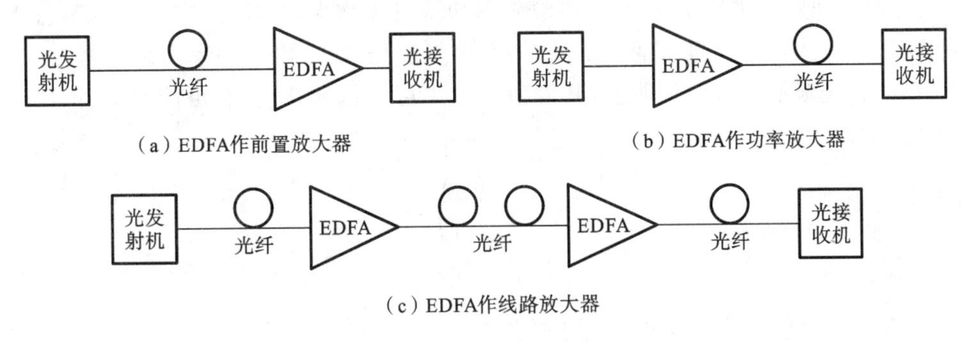

图 4-13 EDFA 的应用

1）作前置放大器

光接收机的前置放大器，一般要求为高增益、低噪声。由于 EDFA 的低噪声特性，将其用作光接收机的前置放大器时，可提高光接收机的灵敏度，如图 4-13(a)所示。

2）作功率放大器

若将 EDFA 接在光发射机的输出端，可用来提高输出功率，增加入纤光功率，延长传输距离，如图 4-13(b)所示。

3）作线路放大器

这是 EDFA 在光纤通信系统中的一个重要应用，它可代替传统的光-电-光中继器，对线路中的光信号直接进行放大，延长中继距离，如图 4-13(c)所示。

职业岗位知识

掺铒光纤放大器是大容量密集波分复用系统中必不可少的关键部件。

1. 掺铒光纤放大器的主要优点

(1) 工作波长与单模光纤的最小衰减窗口一致。

(2) 耦合效率高。由于其是光纤放大器，易与传输光纤进行耦合连接。

(3) 能量转换效率高。掺铒光纤的纤芯比传输光纤小，信号光和泵浦光同时在掺铒光纤中传播，光能量非常集中。这使得光与增益介质铒离子的作用非常充分，加之适当长度的掺铒光纤，因而光能量的转换效率高。

(4) 增益高、噪声指数较低、输出功率大，信道间串扰很低。

(5) 增益特性稳定。EDFA 对温度不敏感，增益与偏振相关性小。

(6) 增益特性与系统比特率和数据格式无关。

2. 掺铒光纤放大器的主要缺点

(1) 增益波长范围固定。铒离子的能级之间的能级差决定了 EDFA 的工作波长范围固定，只能在 1550 nm 窗口，这也是掺稀土离子光纤放大器的局限所在。例如，掺镨光纤放大器只能工作在 1310nm 窗口。

(2) 增益带宽不平坦。EDFA 的增益带宽很宽，但 EDFA 本身的增益谱不平坦。在 WDM 系统中应用时必须采取特殊的技术使其增益平坦。

(3) 光浪涌问题。采用 EDFA 可使输入光功率迅速增大，但由于 EDFA 的动态增益变化较慢，所以在输入信号能量跳变的瞬间，将产生光浪涌，即输出光功率出现尖峰，尤其是当 EDFA 级联时，光浪涌现象更为明显，其峰值光功率可以达到几瓦，有可能造成 O/E 变换器和光连接器端面的损坏。

思考与练习

1. 填空题

(1) 掺铒光纤放大器的基本结构主要由________、________、________、________和________等组成。

(2) 掺铒光纤放大器采用________单模光纤作为增益介质，在泵浦光激发下产生________，在信号光诱导下实现________放大。

(3) 掺铒光纤放大器的关键技术是________和________。

2. 选择题

(1) 掺铒光纤放大器是利用(　　)离子作为激光器工作物质的一种放大器。

A. 掺 Er^{3+}　　B. 掺 Yb^{3+}　　C. 掺 Tm^{3+}　　D. 掺 Pr^{3}

(2) EDFA 的工作波长正好落在(　　)范围。

A. 0.8～1 μm　　B. 1.5～1.53 μm　　C. 1.53～1.56 μm　　D. 1.56～1.58 μm

3. 简答题

EDFA 和 LD 中都有受激辐射，两者有何区别？

项 目 小 结

(1) 光放大器是基于受激辐射机理来实现入射光功率放大的。

(2) 对光放大器的主要要求为高增益、低噪声、高输出光功率、低非线性失真。

(3) 铒(Er)是一种稀土元素，将它注入到纤芯中，即可形成一种特殊的光纤，它在泵浦光的作用下可直接对某一波长的光信号进行放大，因此称为掺铒光纤放大器。

(4) 掺铒光纤是光纤放大器的核心，它是一种内部掺有一定浓度 Er^{3+} 的光纤。

(5) 拉曼光纤放大器利用了一个强泵浦光束传过石英玻璃光纤时所产生的拉曼散射非线性效应进行光信号放大的。

5

光源与光发射机

在光纤通信系统的发射端，原始信号变为相应的光信号，光信号再通过调制器耦合进光纤链路进行传输。在接收端，光信号则通过光电二极管等器件再变为电信号，并通过放大器判决器等生成终端信号，如图 5-1 所示。

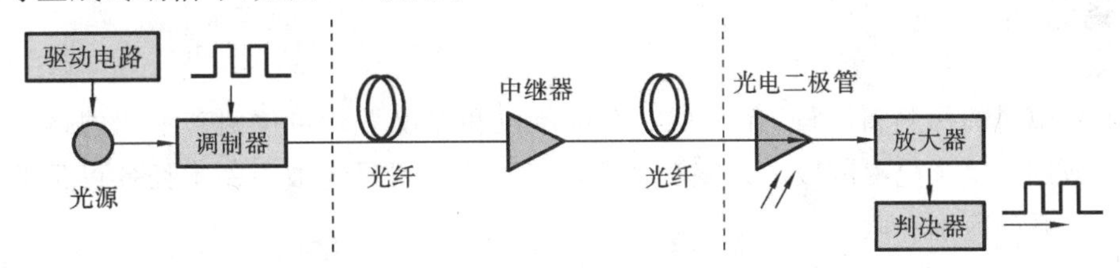

图 5-1　光纤通信系统

作为发光器件，光源应满足光纤通信系统中的各类要求。

(1) 体积足够小。为了使设备能够小型化，光源器件必须体积小、重量轻。

(2) 发射的光波波长应适合光纤通信的三个低损耗窗口，即分别在 0.85 μm、1.31 μm 和1.55 μm 波段。

(3) 响应速度快，发射的光功率够大。光源器件一定要能在室温下连续工作，而且入纤光功率要足够大，最少也需有数百微瓦，如果能达到一毫瓦以上会更好。

(4) 温度特性要好。光源器件的输出特性，如发光波长与发射光功率大小相等，一般来讲，随温度变化而变化，尤其是在较高温度下其性能容易劣化。

(5) 可以直接进行光强度调制。

(6) 可靠性高、工作寿命长、稳定性好、方便替换。

发光二极管(LED)和激光二极管(LD)是比较常见的两种半导体光源，如图 5-2 所示。

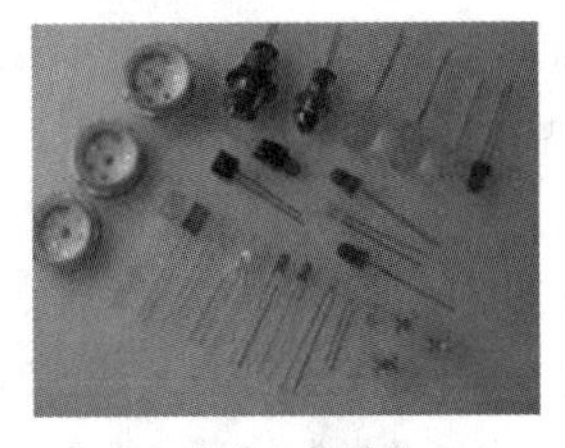

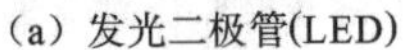

(a) 发光二极管(LED)　　(b) 激光二极管(LD)

图 5-2　两种半导体光源

发光二极管(LED)发射的光谱线较宽、方向性较差，本身的响应速度又较慢，所以只适用于速率较低的通信系统。而激光二极管(LD)在高速、大容量的光纤通信系统中主要采用半导体激光器作为光源。

任务一 认识光源

模拟情境

在光纤通信系统中，光源的选择非常重要。不仅要在性能上满足通信要求，光源本身的波长、亮度、强度等性能也影响着通信质量。不仅在实际应用的光纤通信系统中要用到光源，而且在光器件制作中也要使用光源检测产品质量。

任务分析

对于光辐射的探测和计量，存在辐射度量单位和光度学量单位两套不同的体系。辐射度量单位适用于整个电磁波段。光度学量单位只适用于可见光波段。本任务可帮助同学们理解两种体系的区别和联系。

任务书

任务指导书

任务编号	1	任务名称	辐射度量与光度学量的基本知识
任务目标	① 理解辐射度量的单位。 ② 理解光度学量的单位。 ③ 能正确使用仪器连线并测量。		
仪器设备	白光光源、光照度探头、遮光筒、照度计模块、链接导线		
实施过程	① 闭合主机箱总电源开关，测出光源电压分别为 2 V、3 V、4 V、5 V、6 V、7 V 所对应的照度值，填入表 5-1。 ② 取下遮光筒，待光源冷却后逆时针方向旋下光源的前端盖，旋上红色滤色镜，装上遮光筒，重复以上操作得到一组测量照度值(使用不同颜色的滤色镜重复此实验)，将数据填入表 5-2。 ③ 断开主机箱总电源开关，将普通光源撤下换上半导体激光器，将半导体激光器的两个插孔(+、-)分别与主机箱 0～5 V 可调电源的+、-端相连，设备连线如图 5-3 所示。 闭合主机箱总电源开关，同上面方法用照度计测量半导体激光器发出的光的照度。填入表 5-3。		

续表

实施过程

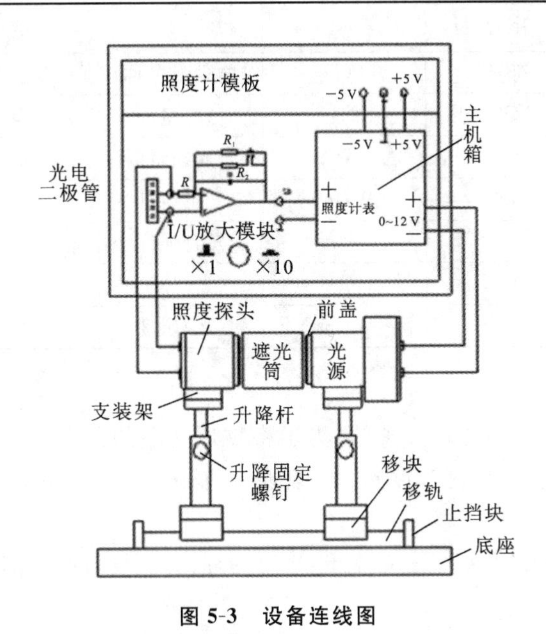

图 5-3 设备连线图

表 5-1 不同光源电压对应的照度值

输入电压(V)	2	3	4	5	6	7
光照度(lx)						

表 5-2 不同颜色的滤色镜测量的照度值

滤色片颜色	红	橙	黄	绿	青	蓝	紫
光照度(lx)							

表 5-3 不同半导体激光器电压对应的照度值

输入电压(V)	2.5	3	3.5	4	4.5	5
光照度(lx)						

任务小结

辐射度量和光度学量对应关系如下。

在光学中,为了对光辐射进行定量描述,用来描述辐射能强度的量有两类:一类是物理的,称为辐射度量,是用能量单位描述光辐射能的客观物理量;另一类是生理的,称为光度学量,是描述光辐射能为人眼接受所引起的视觉刺激大小的强度。即光度学量是具有标准人眼视觉特性的人眼所接受到辐射量的度量。表 5-4 所示为常用辐射度量和光度学量之间的对应关系。

表 5-4 常用辐射度量和光度学量之间的对应关系

辐射度量			光度学量		
物理量名称	符号	单位	物理量名称	符号	单位
辐射能	Q_e	J	光量	Q_v	lm·s
辐射通量	Φ_e	W	光通量	Φ_v	lm
辐射出射度	M_e	W/m²	光出射度	M_v	lm/m²
辐射强度	I_e	W/sr	发光强度	I_v	cd
辐射亮度	L_e	W/(m²·sr)	(光)亮度	L_v	cd/m²
辐射照度	E_e	W/m²	(光)照度	E_v	lx

1) 点光源、立体角

点光源是抽象化的物理概念,是为了将物理问题的研究简单化,如图 5-4 所示。和光滑平面、质点、无空气阻力一样,点光源在现实中也是不存在的,它是指从一个点向周围空间均匀发光的光源。

光向空间展开的角度称为立体角,单位为球面度(sr),点周围的总立体角为 4π。

2) 辐射通量

单位时间内从光源发射的能量称为辐射通量 Φ,单位为瓦(W)。

3) 光通量

辐射通量中包含人眼有光感的可见光和人眼感觉不到的其他成分,如图 5-5 所示。光通量是指由光源向各个方向射出的人眼有光感的光功率,即单位时间射出的光能量,用 F 表示,单位为流明(lm)。1 毫朗伯(millilambert)=10 流明(lm)。

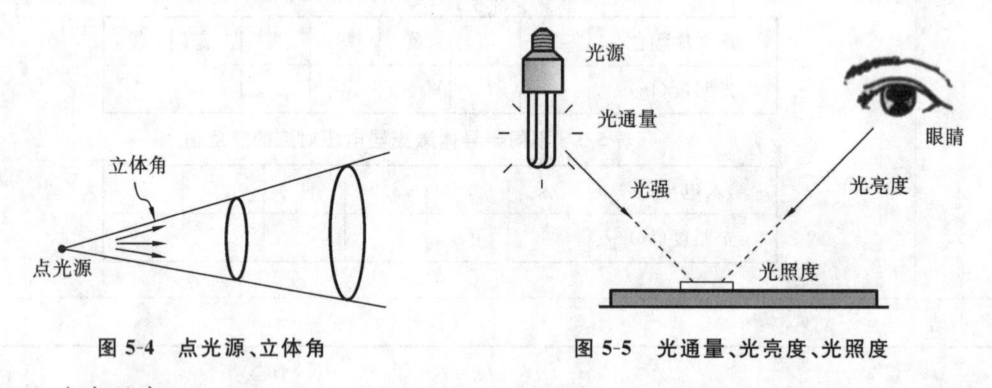

图 5-4 点光源、立体角　　图 5-5 光通量、光亮度、光照度

4) 发光强度

发光强度是光源在单位立体角内辐射的光通量,用字母 I 表示,单位为坎德拉(cd)。1 坎德拉表示在单位立体角内辐射出 1 流明的光通量。

5) 光照度

光照度是从光源照射到单位面积上的光通量,用字母 E 表示,单位为勒克斯(lx)。

6) 光亮度

光的强度可用照在平面单位面积上的光的总量来度量,称为入射光或照度 E。若用从平面反射到眼球中的光量来度量光的强度,这种光称为反射光或亮度,$L=R\times E$。

7) 反射系数

当电磁波由一个均匀介质进入到另一个均匀介质中时，一部分电磁波在界面上被反射回来，另一部分电磁波则透射过去。反射系数（见图 5-6）是光照在某物体表面，物体表面反射的光通量 F_1 与入射的光通量 F 的比值，以 R 表示，用公式 $R=F_1/F$ 可以算出反射系数。

反射系数 $R=F_1/F$
入射光通量F (lm)
$F=F_1+F_2+F_3$
反射光通量F_1 (lm)
吸收光通量F_3 (lm)
透射光通量F_2 (lm)

图 5-6 反射系数

【技能指导】

在制作和检测光纤通信系统内各种无源器件和有源器件时，需要用到各类光源设备，设备发出光的波长要与光纤通信系统相匹配，具体分类如下。

(1) 可调谐光源：调谐就是改变波长。因此可调谐光源设备就是能够在一定范围内自动或手动改变波长的光源设备。常见的可调谐光源设备有 Agilent 81640A（包含 L 波段，波长范围为 1510～1640 nm）、Agilent 81680A（包含 C 波段，波长范围为 1460～1580 nm）、HP8168F（包含 C 波段），还有 EXFO 也包含 C 波段。

(2) 单点光源：单点光源是指只能提供某一个特定波长的光源。目前用得最多的单点光源有 LD1550nm、DFB-131-D 等。其实，上面提到的可调谐光源本身就是由很多个单点光源组成的一个可变光源。

(3) 窄带光源：窄带光源一般是指有效带宽（从光源的波峰处衰减 3 dB 后的频谱宽度）小于 1 nm的光源。

(4) 宽带光源：与窄带光源相对应，一般将有效带宽大于 20 nm 的光源称为宽带光源，如图 5-7 所示。现在使用的 1550LED 光源、1310LED 光源、980 光源、850 光源和 ASE 光源都可以看作是宽带光源。

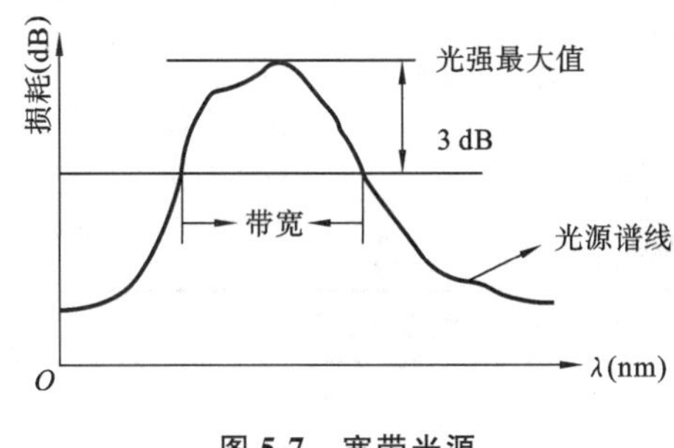

图 5-7 宽带光源

思考与练习

(1) 通常把对应于真空中波长在________到________范围内的电磁辐射称为光辐射。

(2) 光具有波粒二象性，既是________，又是________。光的传播过程中主要表现为________，但当光与物质之间发生能量交换时就突出地显示出光的________。

(3) 辐射度量与光度学量之间的根本区别是什么？

任务二 认识发光二极管(LED)

发光二极管是最早被用于光纤通信传输的光源，传输用的光源波段主要有 780 nm、850

nm 及 1300 nm 等，最常用于短距离（数十米至数百米）的数据传输如 G-Ethernet、Fire-wire 等。作为短距离通信的主要原因除了制作过程简单、价格便宜外，还因为二极管本身的特性，如光功率较低、光源的数值孔径较大，因此发光二极管大多配合玻璃或塑料材质的多模光纤使用。

一、发光二极管的基本概念及工作原理

模拟情境

发光二极管是二极管的一种，在生活中很常见。它不仅作为光纤通信系统的光源，各种家用电器和户外照明都用到了它。当发光二极管出现不正常工作的情况，可以用万用表检测其好坏。

任务分析

发光二极管常用于电子设备的电平指示、模拟显示，以及光通信系统等。发光二极管正向电压范围一般为 1.5～3 V，允许通过的电流的范围为 2～20 mA。电流的大小决定发光的亮度。电压、电流的大小依器件型号不同而稍有差异。和普通二极管一样，它也具有单向导电性。在具体应用中常常根据此特性，使用万用表检测其好坏。

任务书

任务指导书

<table>
<tr><td>任务编号</td><td>2</td><td>任务名称</td><td>使用万用表检测发光二极管</td></tr>
<tr><td>任务目标</td><td colspan="3">① 了解 DIP（直插）式发光二极管的外形结构。
② 了解 SMD（贴片）式发光二极管的外形结构。
③ 学会使用万用表检测发光二极管。</td></tr>
<tr><td>仪器设备</td><td colspan="3">MF47 指针式万用表、DIP（直插）式发光二极管、SMD（贴片）式发光二极管</td></tr>
<tr><td>实施过程</td><td colspan="3">（1）整理工具及待测器件，填写表 5-5。

表 5-5 工具及待测器件
<table><tr><td>序号</td><td>名　称</td><td>数　量</td></tr><tr><td>1</td><td>MF47 指针式万用表</td><td></td></tr><tr><td>2</td><td>DIP（直插）式发光二极管</td><td></td></tr><tr><td>3</td><td>SMD（贴片）式发光二极管</td><td></td></tr></table>
注意，DIP（直插）式发光二极管可以从外观直接判断出极性——长脚为正极、短脚为负极。SMD（贴片）式发光二极管则因为生产厂家不同、产品型号多种多样等原因不能简单地判断正负极，但可以使用万用表判断。以上两类发光二极管如图 5-8 所示。</td></tr>
</table>

续表

实施过程

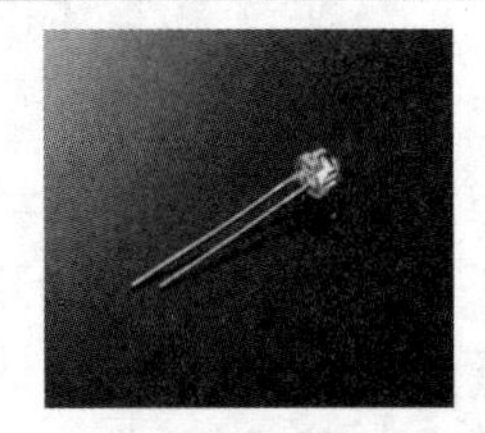

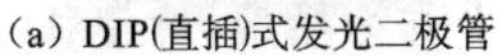

(a) DIP(直插)式发光二极管　　(b) SMD(贴片)式发光二极管

图 5-8 两类发光二极管

(2) 将万用表调至 $R\times10$ k 挡位。红、黑表笔分别接触发光二极管的两个引脚，读出测量值，并判断发光二极管的质量好坏将结果填入表 5-6。

表 5-6 测量结果记录表

测量次数	读　　数	判 断 结 果
1		
2		

正常时，发光二极管正向电阻阻值为几十至 200 kΩ，反向电阻的值为无穷大。如果正向电阻值为 0 或为无穷大，反向电阻值很小或为 0，则是坏的。这种检测方法，不能如实地看到发光二极管的发光情况，因为万用表调至 $R\times10$ k 挡位时，电池不能向发光二极管提供足够大的正向电流。

任务小结

知识链接

1. 发光二极管的基本概念

发光二极管(LED)是一种将电能转换成光能的特殊二极管，其剖面结构如图 5-9 所示。LED 的核心是一个半导体芯片，附着在一个支架上。一端是负极，另一端连接电源的正极，整个晶片被环氧树脂封装起来。

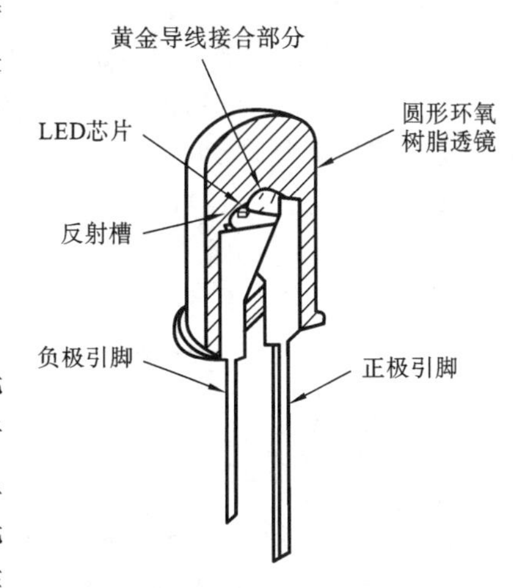

图 5-9 发光二极管剖面结构

2. 发光二极管及其工作原理

1) 光与物质的作用方式

(1) 光子。

1905 年，爱因斯坦提出了光量子假说。他认为光是由光子组成的，每一个光子的能量 $E=hf$。其中：普朗克常数 $h=6.626\times10^{-34}$ J・S；f 为光的频率。显然，不同频率的光子具有不同的能量，而携带信息的光波具有的能量只能是 hf 的整数倍，当光与物质相互作用时，光子的能量作为一个整体被吸收或反射。

光子概念的提出，使人们认识到，光不仅具有波动性，而且还具有粒子性，而且两者不可分割。这就是我们所说的光具有波粒二象性。

(2) 能级。

电子在原子核外按一定的轨道运动，就具有了一定的电子能量。电子运动的能量只能是某些允许的数值，这些允许的数值，因轨道不同，是一个一个分开的，即不连续的，我们把这些分立的能量值，称为原子的不同能级。对于半导体材料，电子的能级重叠在一起形成能带。其中能量低的能带称为价带，能量高的能带称为导带，价带和导带之间的能量差称为禁带。电子是不能占据禁带的，但是可以在能带之间跃迁，如图 5-10 所示。

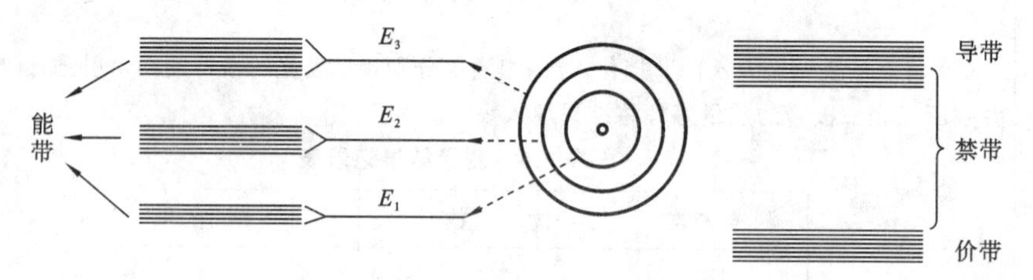

图 5-10 能带、导带、价带、禁带

光与物质具有三种相互作用的机制，分别是自发辐射、受激辐射和受激吸收。我们日常使用的照明光源，例如荧光灯发出的光、自然光等就是基于自发辐射发光的，而激光光源则以受激辐射为主。在这里，我们先讨论受激吸收和自发辐射。

(3) 受激吸收。

设原子的两个能级为 E_1 和 E_2，E_1 为低能级，E_2 为高能级，物质在外来光子的激发下，E_1 的电子吸收了外来光子的能量，而跃迁到 E_2 上，这个过程称为受激吸收，如图 5-11 所示。受激吸收的特点如下。

① 受激吸收的过程必须在外来光子的激发下产生，是需要外界刺激的。

② 外来光子的能量等于电子跃迁的能级之差，如 $hf=E_2-E_1$。

③ 受激跃迁的过程中，不能放出能量，而要吸收外界的能量。

(4)自发辐射。

设原子的两个能级为 E_1 和 E_2，E_1 为低能级，E_2 为高能级，由于处在高能级的电子不稳定，在未受外界激发的情况下，自发地跃迁到低能级，在跃迁的过程中，根据能量守恒定律，电子要释放出能量，能量的大小为 E_2-E_1，该能量以光的形式发出，如该光子能量为 hf，则 $hf=E_2-E_1$(见图 5-12)，则发射光子的频率为

$$f=\frac{E_2-E_1}{h} \tag{5-1}$$

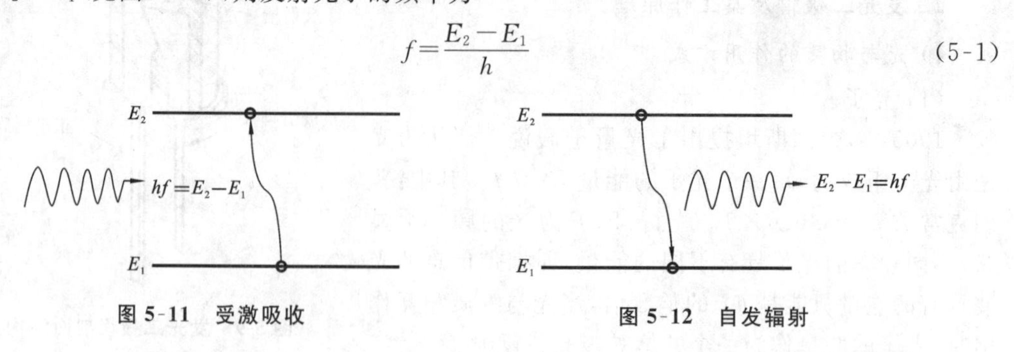

图 5-11 受激吸收 **图 5-12 自发辐射**

自发辐射的特点如下。

① 自发辐射的过程是在没有外界作用的条件下而自发产生的，不需要外界刺激。

② 发射出光子的频率取决于所跃迁的能级，而发生自发辐射的高能级不止一个，可以是一系列的高能级，因此辐射光子的频率亦不同，频率范围很大。

③ 即使有些电子是在相同的能级差间进行跃迁，也就是辐射出的光子的频率相同，但由于它们是独立的、自发的辐射，因此，其发射方向和相位也各不相同，是非相干的。

正是因为自发辐射具有以上特点，发出的光子频率、相位、方向等均是随机且不相同的，我们看到普通光源发出的光一般都是复色，也就是各种波段的光波叠加在一起。荧光灯、LED 等光源的发光过程中，并不是只有自发辐射，而是受激吸收和自发辐射同时发生。

2）LED 的工作原理

和普通二极管一样，LED 也有 P、N 两个电极，分别有大量的空穴和电子，在中间还有由异质结构成的有源层。有源层是发光的区域，其厚度在 0.1～0.2 μm。在正向偏压的情况下，N 区的电子将向正方向扩展进入有源区，P 区的空穴也将向负方向扩展进入有源区。

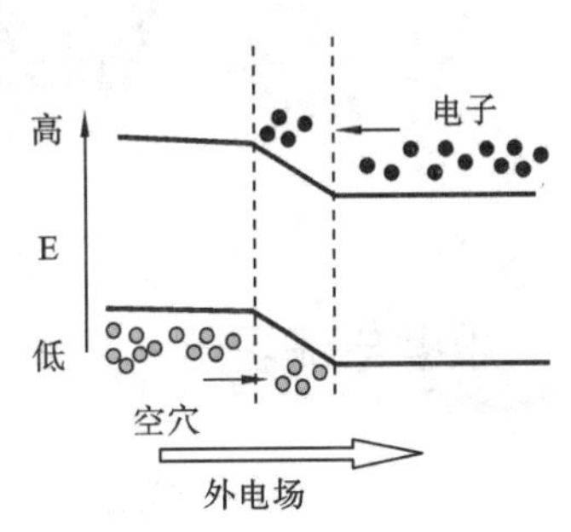

图 5-13　空穴、电子的移动

进入有源区的电子和空穴由于势垒的作用而被封闭在有源区，空穴和电子在此发生复合，复合过程中发生自发辐射，将能量以光的形式发射出来。只要有外加电流的作用，就会源源不断地向有源层提供电子和空穴得到稳定的自发辐射光，如图 5-13 所示。而光的频率是由形成 PN 结的材料所决定的。

光器件制作与检测使用的光源设备

光器件制作与检测使用的光源设备一般分为三类。

(1)按输出光波长的可变性可分为可调谐光源和单点光源。常见的可调谐光源有 Agilent 8164A 和 Agilent 8168F，如图 5-14 所示；常见的单点光源有 LD1550 nm、DFB-131-D(见图 5-15)等。

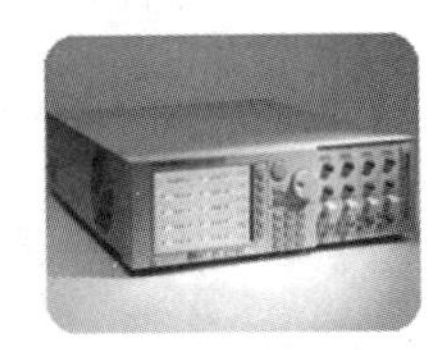

(a) Agilent 8164A

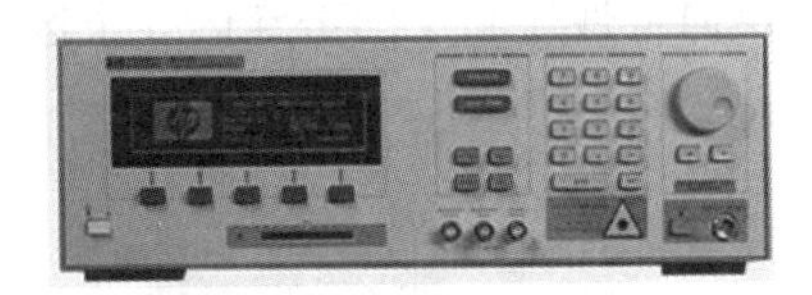

(b) Agilent 8168F

图 5-14　可调谐光源

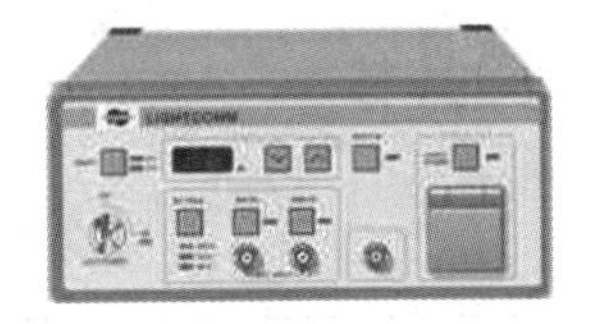

图 5-15　单点光源 DFB-131-D

(2) 按输出光的带宽大小可分为窄带光源和宽带光源。可调谐光源都是窄带光源，单点光源在一定程度上也属于窄带光源。常见的宽带光源有 LED1550 nm、LED1310 nm、ASE

光源、980 nm 光源、850 nm 光源等。

(3) 光源按其本身的模块组合可分为单一型(指光源的功能相对唯一)光源和复合型(指一台光源可同时实现多种光源的作用)光源。如可调谐光源只能提供不同的窄带光波长的输出,LD 也可认为是单一型光源。而 EXFO 2600 光源既可提供可变波长又可提供 ASE 宽带光源,还有一种 E-TEK Multi-Channel 光源可同时提供四个不同波长的输出光源,因此这两种光源都可认为是复合型光源,如图 5-16 所示。

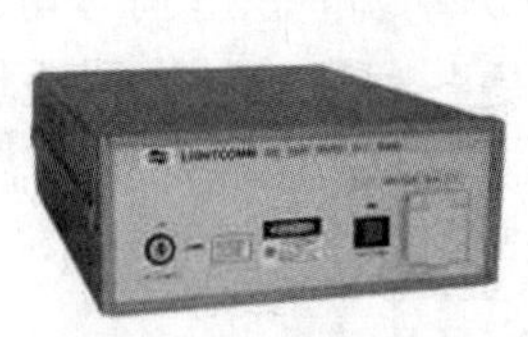

(a) ASE光源

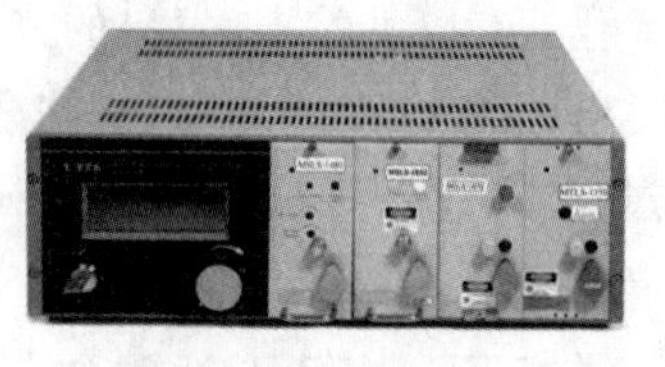

(b) MSLS-1000

图 5-16　复合型光源

思考与练习

(1) 光与物质的作用一般有________、________、________三种机制。

(2) LED 发出的光为什么是非相干光?

二、发光二极管的工作特性和分类

模拟情境

目前半导体发光二极管(LED)已经被广泛应用于指示灯、仪表显示、手机背光源和车载光源等照明领域。LED 的结构简单、价格低、发射功率与温度的关系小、性能较稳定,因此在小容量、短距离的光纤通信系统中得到了广泛应用。

任务分析

LED 除了发光特性外,同时具有普通二极管的特性。LED 的伏安特性曲线与普通二极管的一样,可以划分为正向特性区、反向特性区和反向击穿区 3 个区。

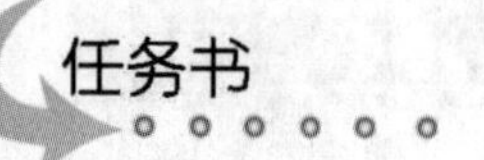

任务书

任务指导书

任务编号	3	任务名称	LED 伏安特性的测试
任务目标	了解发光二极管的伏安特性。		
仪器设备	各色 LED、100 Ω 色环电阻、500 Ω 电位器、2 kΩ 电位器、万用表		

续表

实施过程

发光二极管正向导通，当达到导通电流时，二极管发光，当电流过大，发光二极管会烧毁。

(1) 将电阻 R_{w1} 和 R_{w2} 调至最大，按图 5-17 连接，图中 LED 使用红色发光二极管。观察红色发光二极管是否发光，将此时流过 LED 的电流和 LED 两端的电压记录在表 5-7 中。

表 5-7

电流 I	电压 U

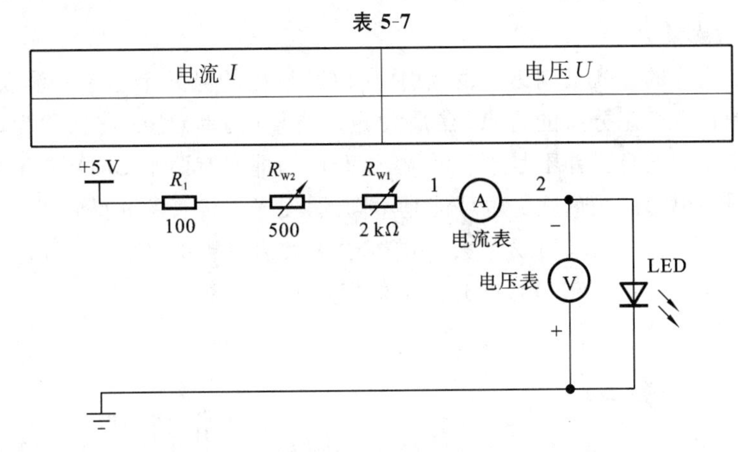

图 5-17 实验原理图

(2) 将电阻 R_{w1} 调小，观察电流表和电压表读数的变化；将 LED 换成黄色发光二极管和绿色发光二极管重复步骤，并将结果记录在表 5-8 中。

表 5-8 实验过程记录

红色 LED				黄色 LED				绿色 LED			
电流 I(mA)	电压 U(V)	功率 P(mW)	目测发光状态	电流 I(mA)	电压 U(V)	功率 P(mW)	目测发光状态	电流 I(mA)	电压 U(V)	功率 P(mW)	目测发光状态
1.00				1.00				1.00			
2.00				2.00				2.00			
3.00				3.00				3.00			
4.00				4.00				4.00			
5.00				5.00				5.00			
6.00				6.00				6.00			
7.00				7.00				7.00			

任务小结

1. 发光二极管的特性和种类

1) P-I 特性

LED 是无阈值器件，加上电流后，即有输出光，并且随着电流的增加，输出光功率近似地呈线性增加。当电流较大时，由于 PN 结发热而出现饱和现象，使曲线的斜率略有减小，其 P-I 特性曲线如图 5-18 所示。

LED 的工作电流通常为 50～100 mA，输出功率为几毫瓦，由于光束辐射角较大，进入光纤的光功率只有几百微瓦。

2）发射光谱

发光二极管的发光机制是自发辐射，所以其发出的光并不是单一波长的。其 LED 发射波长的范围具有正态分布的特点，在最大光谱能量（功率）处的波长称为峰值波长。峰值波长在实际应用中的意义并不是十分明显，这是因为即使有两个 LED 的峰值波长是一样的，但它们在人眼中引起的颜色感觉也可能是不同的，发光二极管的光谱特性曲线如图 5-19 所示。光谱辐射带宽是指光谱辐射功率大于或等于最大值一半的波长间隔，它表示发光二极管的光谱纯度。GaN 基发光二极管的光谱辐射带宽在 25～30 nm 内。

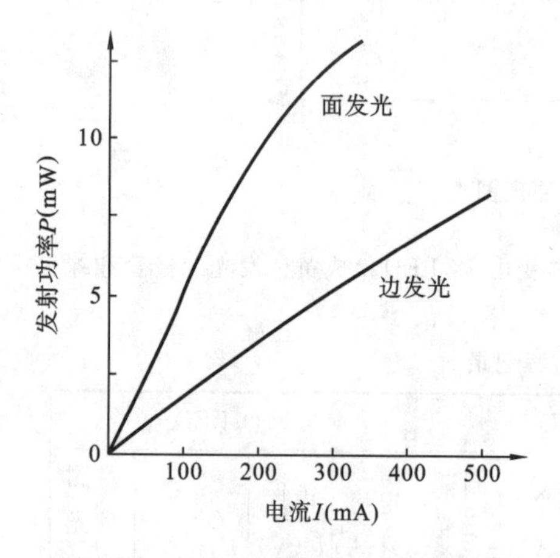

图 5-18 发光二极管的 P-I 特性曲线

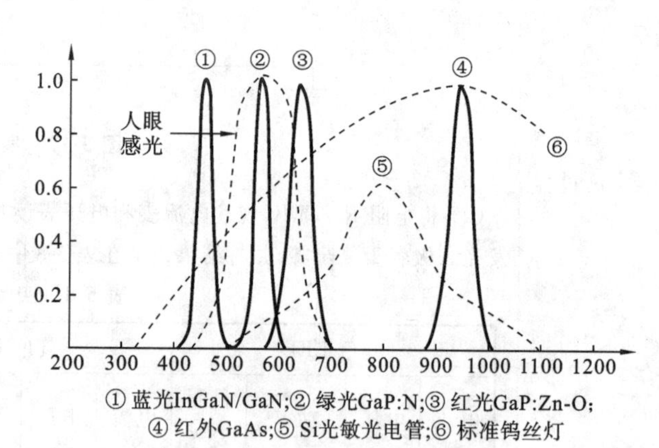

图 5-19 发光二极管的光谱特性曲线

3）温度特性

温度特性主要影响 LED 的输出光功率、P-I 特性的线性程度和工作波长。由图 5-20 可看出：当温度上升时，LED 的输出光功率下降。例如当温度从 20 ℃提高到 70 ℃时，输出光功率将下降约三分之一。

4）响应时间

在需要快速显示、快速调制信号的情况下，LED 对信息的反应速度，即对启亮和熄灭的时间有一定的要求。LED 的启亮时间——上升时间 t_r 是指从接通电源使发光亮度达到正常值的 10%开始，一直到发光亮度达到正常值的 90%所经历的时间。LED 的熄灭时间——下降时间 t_f 是指从正常发光减弱至原来的 10%所经历的时间，如图 5-21 所示。不同材料所制得的 LED 响应时间各不相同，如 GaAs、GaAsP、GaAlAs，其响应时间均小于 9 s，GaP 的响应时间为 7～10 s。

2. 发光二极管的种类

（1）按照结构不同，发光二极管可以分为面发光型发光二极管和边发光型发光二极管。

面发光型发光二极管的发光功率较大，常用于照明、显示屏、广告牌等，在光纤通信系统

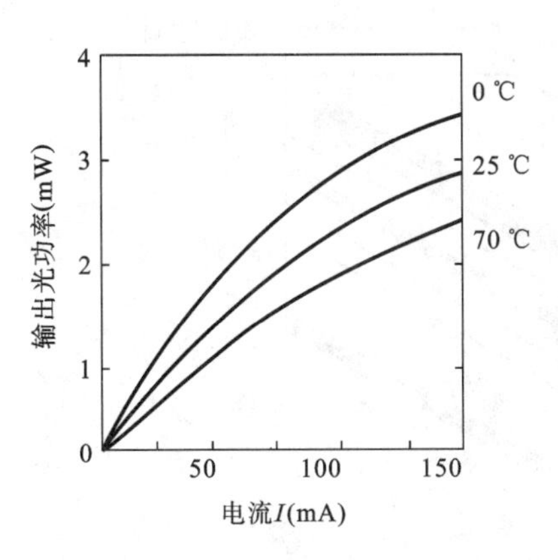

图 5-20 发光二极管的温度特性曲线

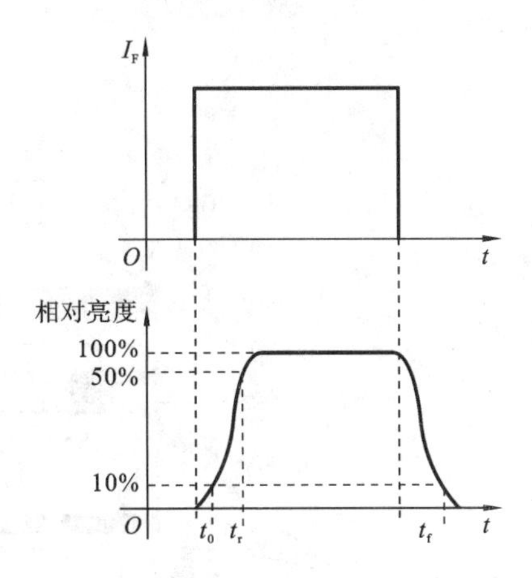

图 5-21 发光二极管的时间响应曲线

中应用较少。边发光型发光二极管的发光功率较小,但由于其与光纤连接器耦合时损耗较小,多作为光纤通信系统中的光源。两者性能比较如表 5-9 所示。

表 5-9 面发光型发光二极管与边发光型发光二极管的性能比较

项目/性能/种类	辐射角	输出功率	耦合效率
面发光型发光二极管	大	大	低
边发光型发光二极管	小	小	高

面发光型发光二极管也称为 Burrus 或前发射型发光二极管,图 5-22 为面发光型发光二极管的结构示意图,有源发光面与光纤轴垂直,面发光型发光二极管发出的光束是各向同性的,总的半功率光束宽度为 120°。

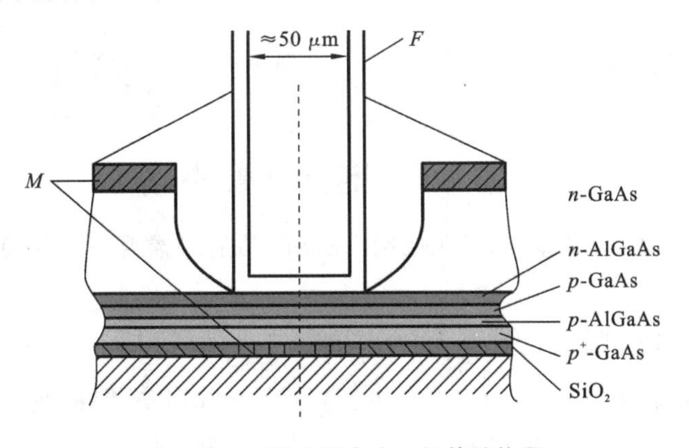

图 5-22 面发光型发光二极管结构图

图 5-23 为边发光型发光二极管的结构示意图。边发光型发光二极管由一个有源层和两个导光层组成。导光层的折射率比有源层的折射率低,但比周围材料的折射率高,从而形成一个波导通道,有源层产生的光波从其端面射出,发散角小,有利于发光功率有效地耦合进入光纤。

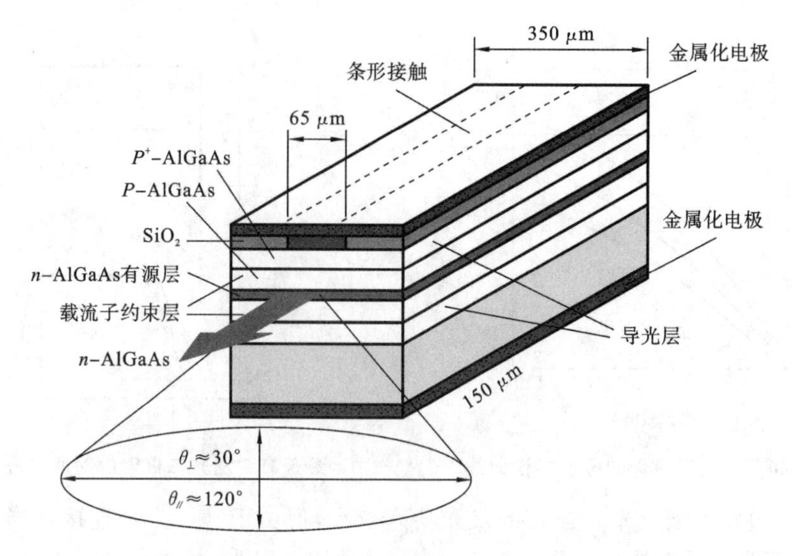

图 5-23　边发光型发光二极管结构图

（2）按照功率大小可分为小功率 LED 和大功率 LED。

大功率 LED 是指发光强度较高的产品，如常见的 LED 灯管，因为这类产品的芯片尺寸都较大，所以分类为大功率 LED。小功率 LED 是指发光强度较低的产品，如常见的指示灯、手机背光等，因为这类产品的尺寸都比较小，发光效率较低，所以分类为小功率 LED。

（3）按照封装方式不同可分为插件式 LED 和贴片式 LED。

插件式 LED 是指此元件在使用时，PCB 基座上需要钻孔，元件需要穿过 PCB 板才能进行焊接，这类元件通常都有较长的外接引脚。而贴片式 LED 是指此元件在使用时，PCB 基座上不需要开孔（钻孔），元件直接贴在 PCB 板上就能进行焊接。这类元件通常都没有外接引脚（或呈片状金属电极），如常见的 SMT、Emitter 等。

使用 LED 时的注意事项

LED 是一种脆弱的半导体产品，在使用 LED 产品的时候要格外注意器件安全，使用时需注意以下事项。

1. 应使用直流电源供电

采用“阻容降压”的方式给 LED 产品供电会直接影响 LED 产品的使用寿命。如果采用专用的开关电源（最好是恒流源）给 LED 产品供电就不会影响产品的使用寿命，但成本相对较高。

2. 做好防静电措施

LED 产品在加工生产的过程中要采用一定的防静电措施，如工作台要接地、工人要穿防静电服装、佩戴防静电手环和防静电手套等，有条件的可以安装防静电离子风机，同时也要保证车间的湿度在 65%左右，以免由于空气过于干燥产生静电。

3. LED 的工作温度

要注意温度的升高会使 LED 内阻变小，若使用稳压电源供电会造成 LED 工作电流升高，当超过其额定工作电流后，会影响 LED 产品的使用寿命，还可能会将 LED 光源“烧坏”。

思考与练习

(1) 发光二极管正常工作的条件是什么？

(2) LED 的伏安特性具有什么特点？

任务三　认识激光二极管 LD

1978 年，激光二极管开始应用于光纤通信系统。激光二极管不仅能作为光纤通信的光源和指示器，还可以通过大规模集成电路平面工艺组成光电子系统。激光二极管的发展和应用一开始就和光通信技术紧密结合在一起，它在光互联、光变换、并行光波系统、光信息处理和光存贮、光计算机外部设备的光耦合等方面具有重要的用途。

一、激光二极管的工作原理和结构

模拟情境

不同于发光二极管发出的非相干光，激光二极管发出的是相干性极好的激光。除了使用寿命长、成本低等特点以外，激光二极管还具有光谱带宽窄、调制容量大、光相干性好等特点，适用于长距离、大容量、高速通信的系统，如图 5-24 所示。

因为输出光功率与输入电流之间一般为线性关系，所以可以采用模拟电流或数字电流直接调制激光二极管输出光信号的强弱，省掉昂贵的调制器，从而降低激光二极管的应用成本。

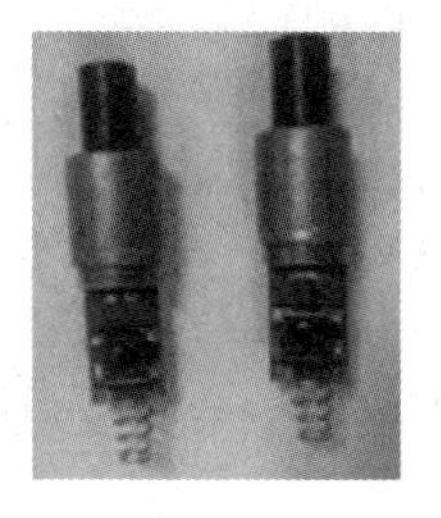

图 5-24　光收发模块上安装的激光二极管

任务分析

在生产中，常要求将激光二极管安装到模块电路上，但激光二极管的外形与 LED 及一般二极管都不同，常见的激光二极管除了一般二极管都有的正极和负极外，还有第三个引脚。

任务指导书

任务编号	4	任务名称	识别激光二极管的引脚
任务目标	会识别和检测激光二极管的引脚。		
仪器设备	万用表、激光二极管		

实施过程

实际应用中的激光二极管之所以有三个引脚，因为它是由两部分构成的，如图 5-25 所示。一部分是激光发射部分 LD，另一部分为激光接收部分 PD。LD 和 PD 两部分有一个公共引脚，公共引脚一般和管子的金属外壳相连。

图 5-25 激光二极管

在使用时，如果需要使用激光接收部分就焊接 PD 的引脚，如果只是发射激光束，不考虑接收，那就不需要焊接 PD 的引脚。

检测和判断激光二极管可按以下三个步骤进行。

(1) 区分 LD 和 PD。使用万用表的 $R\times1$ k 挡位分别测出激光二极管三个引脚两两之间的阻值，总有一次两脚间的阻值在几千欧左右，此时黑表笔所接的一端为 PD 阳极端，红表笔所接的引脚为公共端，剩下的一个引脚为 LD 阴极端，这样就区分出了 PD 部分和 LD 部分。将测量结果填入表 5-10。

表 5-10 测量结果表 1

测 量 次 数	阻　　值
1	
2	
3	

(2) 检测 PD 部分。激光二极管的 PD 部分实质上是一个光敏二极管，可用万用表检测。用 $R\times1$k 挡位测其阻值，若正向电阻为几千欧，反向电阻为无穷大，则初步表明 PD 部分是好的；若正向电阻为 0 Ω 或为无穷大，则表明 PD 部分已坏。若反向电阻不是无穷大，而有几百千欧或上千千欧的电阻，说明 PD 部分已反向漏电，管子质量变差。将测量结果填入表 5-11。

表 5-11 测量结果表 2

测 量 次 数	阻　　值
1	
2	
3	

<table>
<tr><td>实施过程</td><td>(3) 检测 LD 部分。用万用表的 $R\times1$k 挡位测 LD 部分的正向阻值，即黑表笔接公共端 b，红表笔接 a 脚，正向阻值应在 10～30 kΩ，反向阻值应为无穷大。若测得的正向阻值大于 55 kΩ，反向阻值在 100 kΩ 以下，表明 LD 部分已严重老化，使用效果会变差。将测量结果填入表 5-12。

表 5-12　测量结果表 3
<table><tr><th>测量次数</th><th>阻　值</th></tr><tr><td>1</td><td></td></tr><tr><td>2</td><td></td></tr><tr><td>3</td><td></td></tr></table></td></tr>
<tr><td>任务小结</td><td></td></tr>
</table>

知识链接

1. 激光二极管的基本概念

LD 是 Laser diode 的简称，如图 5-26 所示。激光二极管(LD)按照波长及应用可分为短波长 LD 与长波长 LD 两大类，短波长 LD 的波长范围一般为 90～950 nm，主要应用于光储存、光输出、指示器及显示应用，而长波长 LD 的波长范围一般为 980～1550 nm，主要应用于光纤通信。

图 5-26　激光二极管

2. 激光产生的原理

1) 受激辐射

受激辐射是另一种发光过程，如图 5-27 所示。处于高能级 E_2 的电子受到外来频率为 $(E_2-E_1)/h$，能量为 E_2-E_1 光子的激发而跃迁到低能级 E_1，同时放出能量为 $2(E_2-E_1)$ 的光子，由于这个过程是在外来光子的激发下产生的，因此称为受激辐射。

需要注意的是，虽然放出光子的能量为 $2(E_2-E_1)$，但不表示放出光子的频率为 $2(E_2-E_1)/h$。放出 $2(E_2-E_1)$ 能量的光子是指光子的数量是入射光子的两倍，每一个放出的光子

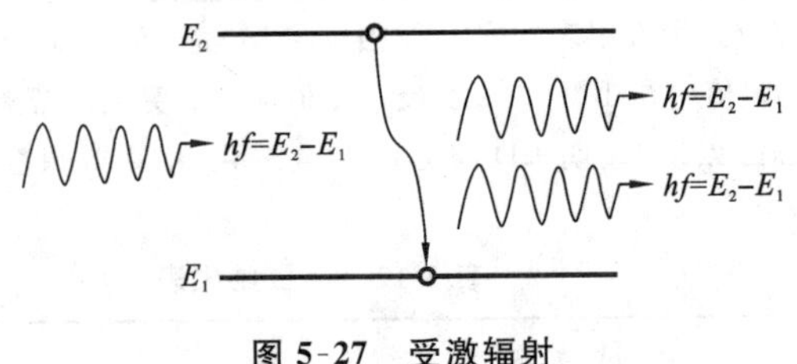

图 5-27　受激辐射

能量依然为(E_2-E_1)，光子的频率依然为$(E_2-E_1)/h$。

受激辐射具有如下特点。

(1) 外来光子的能量需等于跃迁的能级之差，即$hf=E_2-E_1$。

(2) 受激过程中发射出来的光子与外来光子不仅频率相同，而且相位、偏振方向、传播方向都相同，因此称为全同光子。

(3) 受激辐射可以使光得到放大，这是因为受激过程中发射出来的光子与外来光子是全同光子，叠加的结果可使光增强，使入射光得到放大。因此，受激辐射引起光放大，是产生激光的一个重要的基本概念。

2) 激光产生的条件

受激辐射是激光二极管发光的重要基础。但仅仅发生受激辐射是不足以产生光纤通信所需要的激光的。LD 发射激光还需要另外两个条件——粒子数反转、激光二极管中必须存在光学谐振腔，并在谐振腔里建立起稳定的振荡。

(1) 粒子数反转。

假设高能级E_2上的粒子数量为N_2，低能级E_1上的粒子数量为N_1。在正常情况下，N_2是小于N_1的。那么在单位时间内，从高能级跃迁到低能级上的粒子数总是小于从低能级跃迁到高能级的粒子数，这时受激吸收强于受激辐射，但是要产生稳定的激光，需要不断地发生受激辐射，也就是说需要大量处于高能级的粒子，让它们跃迁到低能级。此时，可以通过外界力量(例如电能、光能)先将大量处于低能级上的粒子跃迁到高能级，使得N_2远远大于N_1。这种情况就称为粒子数反转，如图 5-28 所示。

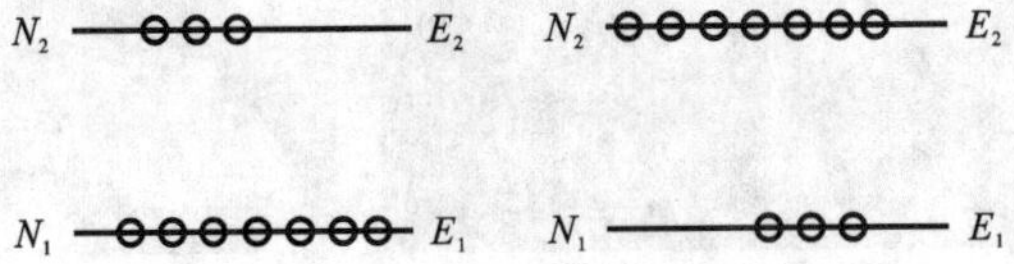

图 5-28　粒子数反转

因此，粒子数反转分布状态是物质产生光放大的必要条件。将处于粒子数反转分布状态的物质称为增益物质，或激活物质。使工作物质产生粒子数反转分布的外界激励源称为泵浦源。激光二极管最常见的泵浦方式为电激励。

(2) 光学谐振腔。

在增益物质两端的适当位置，放置两个反射镜M_1和M_2互相平行，就构成了最简单的光学谐振腔。对于两个反射镜，要求其中一个能全反射，如M_1的反射系数$r=1$；另一个为部分反射，如M_2的反射系数$r<1$，产生的激光由此射出。当工作物质在泵浦源的作用下，变为激活物质后，即具有放大作用。处于粒子数反转分布状态的工作物质，置于光学谐振腔内，

腔的轴线应与激活物质的轴线重合。在谐振腔内，被放大的光在两个反射镜之间来回反射，并不断地激发出新的光子，从而进一步进行放大。但在这个运动过程中也要消耗一部分能量（不沿谐振腔轴线方向的光波会很快射出腔外，以及反射镜 M_2 的透射也会损耗部分能量）。当放大足以抵消腔内的损耗时，就可以使这种运动不停地进行下去，即形成光振荡。当满足一定条件后，就会从反射镜 M_2 透射出一束笔直的强光——激光，如图 5-29 所示。

3. 激光二极管的结构

按照 PN 结是否为同一材料，可将激光二极管分为同质结 LD 和异质结 LD 两种，如图 5-30所示。异质结 LD 中又分为单异质结 LD 和双异质结 LD。

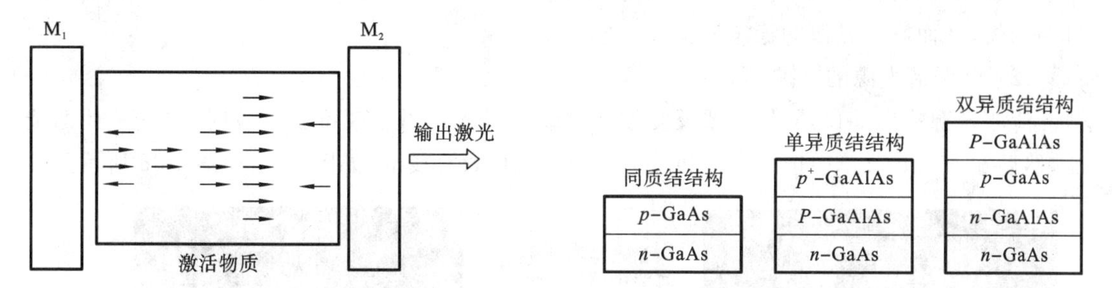

图 5-29 光学谐振腔内输出激光　　**图 5-30 同质结和异质结激光二极管的材料**

现在应用最普遍的是异质结激光二极管。目前，光纤通信用的激光二极管大多是铟镓砷磷（InGaAsP）双异质结条形激光二极管，由图 5-31 可以看出，它是由五层半导体材料构成。其中 N 型半导体 InGaAsP 是发光的作用区，作用区的上、下两层称为限制层，它们和作用区构成光学谐振腔。限制层和作用区之间形成异质结。最下面一层 N 型半导体 InP 是衬底，顶层 P 型半导体 InGaAsP 是接触层，其作用是改善和金属电极的接触。顶层上面数微米宽的窗口为条形电极。

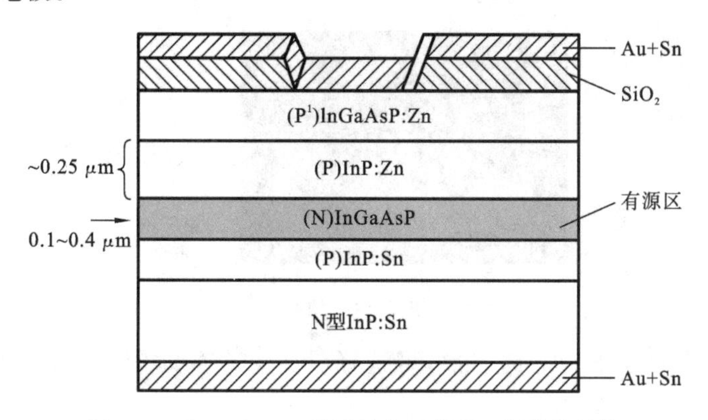

图 5-31 InGaAsP **双异质结条形激光二极管的结构**

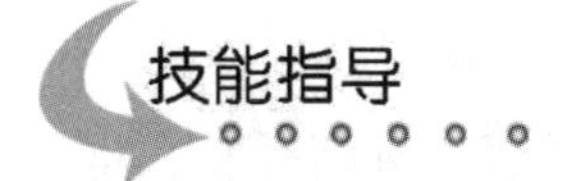

技能指导

1. 光源设备的使用

(1) 首先确认光源输入端口的跳线类型。

光源接口有FC/APC和FC/PC两种输出端面，输出的跳线类型对应的选择FC/APC和FC/PC，可以通过光源面板上的标识来判定。

(2) 光源使用前须先开机预热，预热可以使光源的输出功率较稳定，可调谐光源预热5分钟，手持式1310LED光源需要预热1～2小时，其他单点LD光源及宽带光源需预热大约30分钟，光源经过预热后才可以使用。

2. 光源设备的维护

(1) 单点LD光源、LED光源、ASE光源的维护主要是清洁光源输出端口及外观，在做完清洁后将跳线接入光源输出端口，尽量不要重复插拔，因为这样容易损伤到光源的内输出口的端面，从而影响光源的稳定性。

(2) 可调谐光源的维护。

清洁光源输出端口，同样不要反复拔插跳线。对光源做自校准及清零时，须先关闭激光器，然后在Menu菜单中选择Realign或Realign all做自校准，如图5-32和图5-33所示。

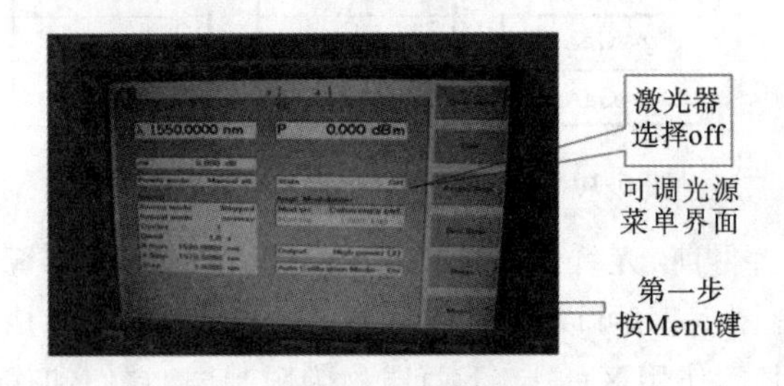

图5-32　初始设置

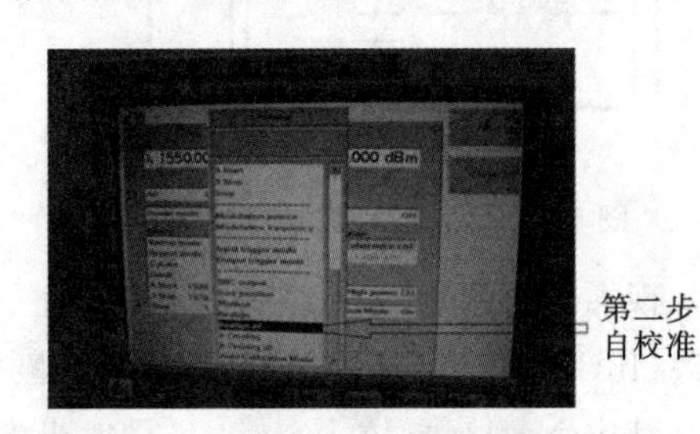

图5-33　自校准

自校准完毕后，还是在Menu菜单中选择λ zeroing或λ zeroing all，即清零，如图5-34所示。

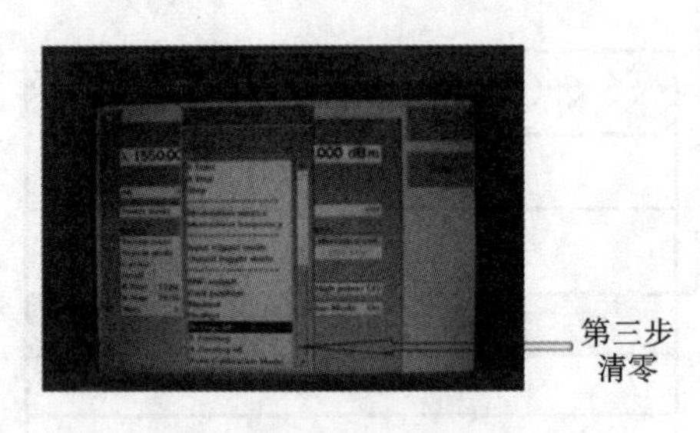

图5-34　清零

以上两步保养的频率为一周一次，可选择设备空余的时间进行，因为总共需要1～2小时。

思考与练习

(1) 简述激光二极管的发光原理。

(2) 简述激光二极管的结构。

二、半导体激光器的工作特性

模拟情境

半导体激光器是用半导体材料作为工作物质的激光器。1962 年，在温度为 77 K 的条件下，实现了时间短暂的注入受激辐射。20 世纪 70 年代中期出现了一些高功率、具有不同特点、频率响应特性好、热稳定性好的半导体激光器。目前，半导体激光器已成为应用面广、发展极为迅速的一种激光器。

任务分析

如果要测量半导体激光器的输出特性，需要了解半导体激光器的基本工作原理，掌握其使用方法，会进行半导体激光器耦合、准直等光路的调节。

任务书

任务指导书

<table>
<tr><td>任务编号</td><td>5</td><td>任务名称</td><td>半导体激光器 P-I 特性测量</td></tr>
<tr><td>任务目标</td><td colspan="3">① 会使用设备测量半导体激光器 P-I 特性。
② 了解 LD 的阈值特性。</td></tr>
<tr><td>仪器设备</td><td colspan="3">半导体激光器演示仪一套</td></tr>
<tr><td>实施过程</td><td colspan="3">(1) 实验内容及步骤。
① 将工作点旋钮逆时针旋转到头(将工作点调整旋钮顺时针、逆时针轻轻旋转一下，通过手感可以判断是否达到，注意不要大力硬扭旋钮)。
② 接通半导体激光器演示仪的电源。
(2) 按调制选择按键(两次，开机默认为内调制)，将半导体激光器调整到连续工作状态。
(3) 顺时针调整工作电压，记录多个状态下的电压、电流和功率值，填入表 5-13。
表 5-13　测量记录表
<table>
<tr><td>次数 / 项目</td><td>1</td><td>2</td><td>3</td><td>4</td><td>5</td><td>6</td><td>7</td><td>8</td><td>9</td><td>10</td></tr>
<tr><td>U/V</td><td></td><td></td><td></td><td></td><td></td><td></td><td></td><td></td><td></td><td></td></tr>
<tr><td>I/mA</td><td></td><td></td><td></td><td></td><td></td><td></td><td></td><td></td><td></td><td></td></tr>
<tr><td>P/mW</td><td></td><td></td><td></td><td></td><td></td><td></td><td></td><td></td><td></td><td></td></tr>
</table>
(4) 通过作图，得到激光器阈值功率 P_{th}。
(5) 利用步骤(3)中得到的数据，计算串联电阻、功率效率和外量子微分效率(其中波长近似等于 670 nm)。</td></tr>
</table>

续表

实施过程	(6) 按光源选择按钮,选择另外一个 LD,重复上述的步骤(4)～步骤(7)。 (7) 按调制选择按键,将半导体激光器调整到内调工作状态。 (8) 按频率选择按键,选择不同的内调制信号,观察不同工作点下的输入信号和输出信号的情况。 (9) 工作点旋钮逆时针旋转到最小,关机。
任务小结	

半导体激光器的主要特性如下。

半导体激光器是半导体二极管,它具有半导体二极管的一般特性,还具有激光器所具有的光频特性。

1) 伏安特性

半导体激光器的伏安特性与一般半导体二极管的伏安特性相同,具有单向导电性。其伏安特性曲线如图 5-35 所示。由于工作时加正向偏压,所以其结电阻很小。其正向电阻值主要由材料的体积电阻和引线的接触电阻决定。这些电阻虽然很小,但由于工作电流很大,其作用不能忽略。

2) *P-I* 特性

P-I 特性揭示了 LD 输出光功率与注入电流之间的变化规律,也是 LD 最重要的特性之一,其 *P-I* 特性曲线如图 5-36 所示。对于半导体激光器,当外加正向电流达到某一值时,输出光功率将急剧增加,这时才会产生激光振荡,这个电流值称为阈值电流,用 I_{th} 表示。

为了使通信系统稳定可靠地工作,阈值电流 I_{th} 越小越好。

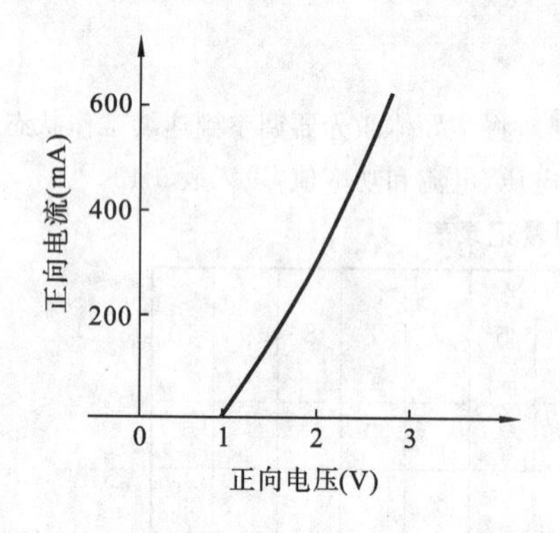

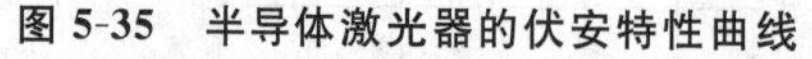
图 5-35 半导体激光器的伏安特性曲线

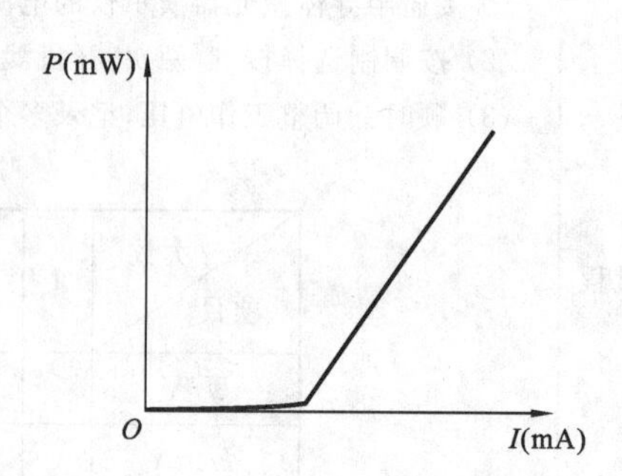

图 5-36 半导体激光器的 P-I 特性曲线

3. 温度特性

半导体激光器的输出光功率随温度变化而变化的特性,称为温度特性。阈值电流 I_{th} 会随温度 T 的增加而增大,因此 *P-I* 特性曲线也会随温度变化而变化。随着温度升高,在注入电流不变的情况下，输出光功率会变小，如图5-37所示。这就是为什么 LD 工作一段时间后输出功率会下降的原因。

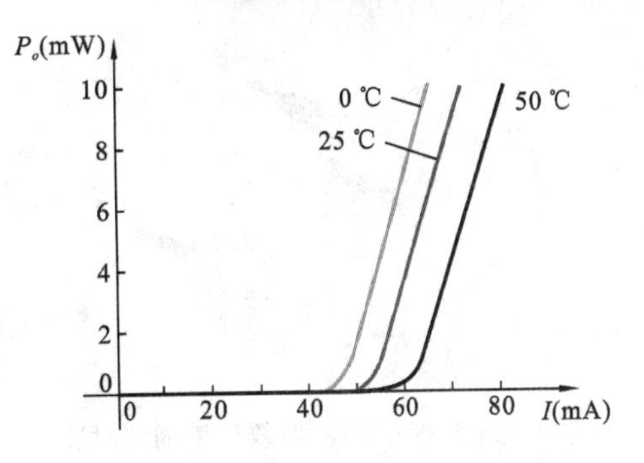

图 5-37 半导体激光器的温度特性曲线

4. 光谱特性

光谱特性描述的是半导体激光器的纯光学性质，即输出光功率随波长变化而变化的分布规律。

稳态工作时半导体激光器光谱由几部分因素共同决定：发射波长的范围取决于半导体激光器的自发增益谱，精细的谱线结构取决于光腔中的纵模分布，波长分量的强弱则与激射时各模式的增益条件密切相关。

激光二极管的封装

选择激光二极管最重要的因素是波长，另一个重要因素是激光二极管的封装。激光二极管有多种封装形式，每一种都有各自的优缺点。一般来说，封装可分为 TO 封装(包括尾纤 TO 封装)、蝴蝶型/双列直插型封装，以及 C 型安装座/小型安装座封装。

1) TO/尾纤 TO 封装

TO 封装是最常用的激光二极管封装形式之一。TO 封装是简单的圆柱形封装紧密密封。TO 封装由一个激光器芯片、一个用于探测后表面功率的光电二极管，以及一个散热器组成，如图 5-38 所示。因其标准尺寸，TO 封装的元件可以互换(特别注意引脚配置)。

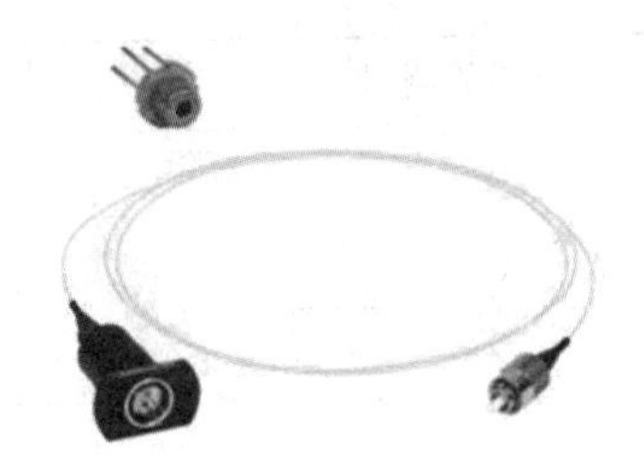

图 5-38 TO 封装

2) 蝴蝶型/双列直插型封装

蝴蝶型/双列直插型封装使用的是和 TO 封装一样的芯片，如图 5-39 所示。不同于 TO 封装，这种封装内部包括很多组件。这个特点使蝴蝶型/双列直插型封装更易“即插即用”。这类封装包括激光器芯片和 TO 封装一样的探测光电二极管，但是还有一个集成 TEC 和热敏电阻。因为封装中集成了温度元件，使用一个合适的 PID 温度控制器可以更精确地测量芯片温度，从而更好地进行热调制。

3) C 型安装座/小型安装座封装

C 型安装座/小型安装座封装是特殊的封装类型，一般用于更高功率的二极管(比如 BAL1112CM)或中红外光源，如图 5-40 所示。C 型安装座/小型安装座封装中的激光器芯片和封装的接触面更大，能更有效地进行温度调制。目前我们所有的中红外激光二极管光源都是双翼片 C 型安装座。由于其不包括探测光电二极管，所以用户必须谨慎使用，避免过载。

图 5-39　蝴蝶型/双列直插型封装

图 5-40　C 型安装座/小型安装座封装

思考与练习

(1) 写出激光器的结构及各部分的作用。

(2) 激光的高亮度是什么因素决定的?

(3) 激光良好的单色性和方向性是什么因素决定的?

拓展训练

使用光万用表测量回波损耗

任务指导书

任务编号	6	任务名称	光纤连接器回波损耗的测量
任务目标	① 会使用光万用表测量光纤回波损耗。 ② 知道回波损耗的含义。 ③ 熟悉光万用表的使用方法。		
仪器设备	光万用表、光纤跳线		
实施过程	回波损耗的测量方法如下。 (1) 先用光纤跳线连接光源输出和光功率计输入口。 (2) 闭合电源开关,按光功率计部分 λ 选择 1310 nm,再按光源部分 λ 键打开光源,再选择 1310 nm。		

续表

实施过程

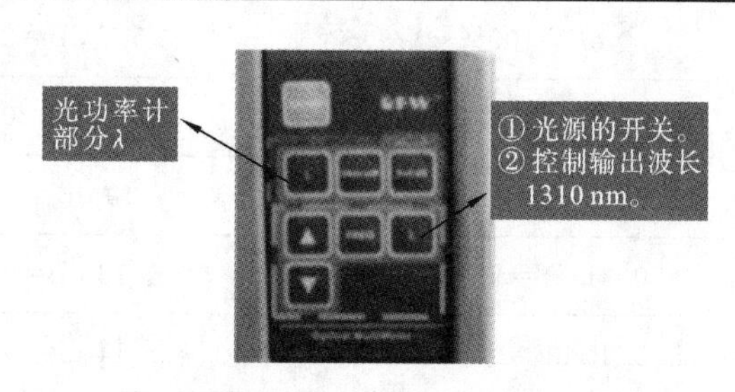

(3) 按 Ref/dB 键记录回波损耗的值。

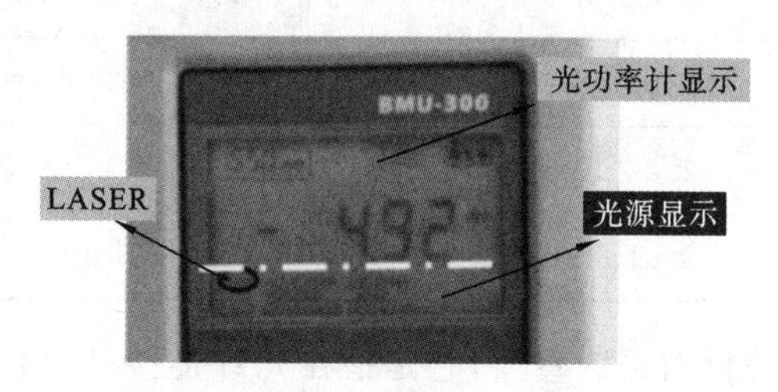

(4) 完成下表 5-14。

表 5-14 回波损耗记录表

回波损耗 / 光纤跳线	1310 nm 回波损耗(dB)	1550 nm 回波损耗(dB)
光纤跳线 A		
光纤跳线 B		
光纤跳线 C		
光纤跳线 D		

任务小结

基本活动

1. 认识 dB 与 dBm

在实际应用中,光功率单位常采用 mW 或分贝值 dBm 来表示功率的损耗。1 dBm=10lg$P$(P 的功率单位是 mW)。例如,输出光功率 18 mW 的光发射机的功率换算成 dBm 时为 18mW=10lg18 dBm=10×1.255 dBm=12.55 dBm。dB(分贝)是一个纯计数单位,表示两个量的比值大小,没有单位。dBm 即分贝毫 X,可以表示分贝毫伏,或者分贝毫瓦,dB 与对应的百分比如表 5-15 所示。

2. 回波损耗

回波损耗又称为后向反射损耗。光线通过光元件时,大部分光线按一定的方向传输,部分光线发生了反射或散射。多数情况下,这种反射会影响到系统的性能,因此属于有害反射。

表 5-15　dB 与对应的百分比

0 dB=100%	5.2 dB=30%
0.088 dB=98%	7 dB=20%
0.22 dB=95%	10 dB=10%
0.31 dB=93%	13 dB=5%
0.45 dB=90%	14 dB=4%
0.969 dB=80%	15.2 dB=3%
1.55 dB=70%	20 dB=1%
2.22 dB=60%	30 dB=0.1%
3.01 dB=50%	40 dB=0.01%

此时，测量系统元件的反射极为重要，它是指在光纤连接处，后向反射光相对输入光的比率，以分贝(dB)表示。

$$RL_i = -10\lg P_r / P_j \text{(dB)} \tag{5-2}$$

式中：P_j 为入射到输入端的光功率，单位为 mW；P_r 为从同一输入端接收到返回的光功率，单位为 mW。

项目小结

发光二极管与激光二极管的特点总结如表 5-16 所示。

表 5-16　发光二极管与激光二极管的特点

发光二极管	激光二极管
输出光功率较小	输出光功率较大
带宽小，调制速率低	带宽大，调制速率高
方向性差，发散角较大	光束方向性强，发散角小
与光纤耦合效率低，仅百分之几	与光纤耦合效率高，可高达 80%以上
光谱较宽	光谱较窄
制造工艺难度低、成本低	制造工艺比 LED 难度大，成本也比 LED 高
可在较宽的温度范围内正常工作	在要求光功率较温度时，要配合恒温电路
较大电流时易饱和	输出特性曲线线性度较好
无模式噪声	有模式噪声

6

光电检测器

任务一　认识光电检测器

光辐射所携带的信息，如光谱能量分布、辐射通量、光强分布、温度分布等由光电检测器转变成电信号测量出来，经电子线路处理后，可供分析、记录、存储或直接显示，从而识别被测目标。

一、光电检测器的基本概念和作用

模拟情境

光敏电阻一般用于光的测量、光的控制和光—电转换。光敏电阻器对光的敏感性与人眼对可见光的响应很接近，只要人眼可感受到的光，都会引起其阻值变化。设计光控电路时，可用白炽灯或自然光线作为控制光源，使设计大为简化。

任务分析

光敏电阻是利用半导体的光电效应制成的一种电阻值随入射光的强弱变化而改变的电阻器。本节通过实验来测量光敏电阻的光电流随光照度的增加是如何改变的，从而更清楚地认识光敏电阻的特性。

任务书

任务指导书

任务编号	1	任务名称	光敏电阻特性测量
任务目标	了解光敏电阻的光照特性		

续表

仪器设备	主机箱、安装架、普通光源、光电器件实验(一)模板、光敏电阻探头、照度计模板、光照度探头

实施过程

1. 亮电阻和暗电阻测量

① 光敏电阻的实验原理图，如图 6-1(a)所示，其器件按图 6-1 (b)安装和接线。

② 打开主机箱电源，将 2～10 V 的可调电源开关打到 10 V 挡，再缓慢调节 0～24 V 可调电压源，使发光二极管两端电压为光照度 100 lx 时对应的电压值。

③ 10 s 左右读取电流表的值为亮电流(可选择电流表合适的挡位 20 mA 挡)。

④ 将 0～24 V 可调电压源的调节旋钮逆时针方向旋到底后，10 s 左右读取电流表(20 μA 挡)的值为暗电流。

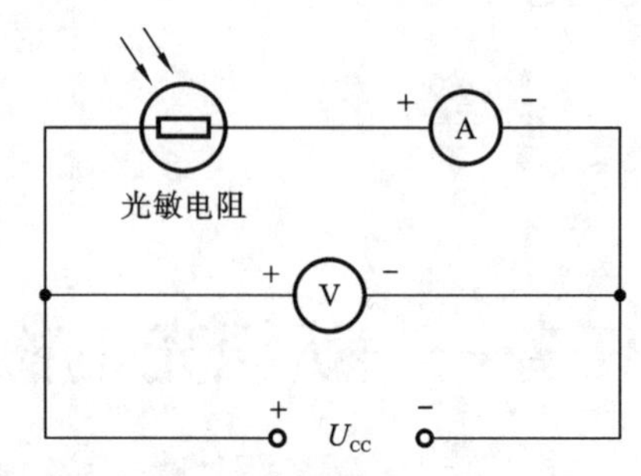

图 6-1(a)　光敏电阻的实验原理图

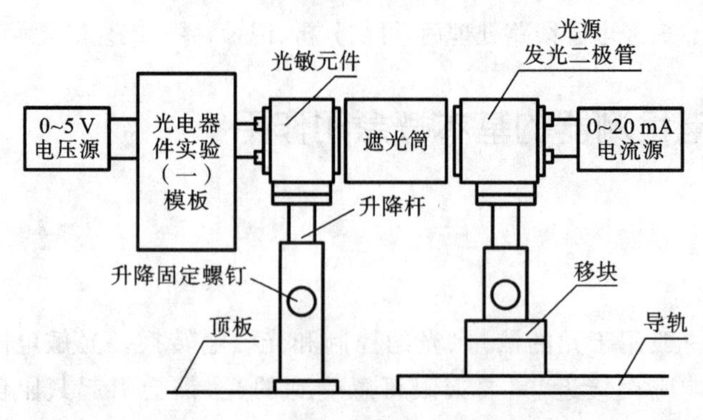

图 6-1(b)　光敏电阻的实验接线图

2. 光照特性测量

光敏电阻的两端电压为定值时，光敏电阻的光电流随光照强度的变化而变化，它们之间的关系是非线性的。调节 0～24 V 可调电压源，此电压值为表 6-1 光照度(lx)所对应的电压值，将测得数据填入表 6-1。

表 6-1　光照特性实验数据

光照度(lx)	0	10	30	40	50	60	80
光电流(mA)							

3. 思考题

为什么测光敏电阻亮电阻和暗电阻要经过 10 s 左右再读数？

任务小结	

1. 光电检测器的基本概念

光电检测器是指当有辐射照射在物体表面时，性质会发生各种变化的材料。光电检测器能把辐射信号转换为电信号。

1）光电检测系统

光电检测系统是指将待测光学量，通过光电变换和电路处理的方法进行检测的系统，如图 6-2 所示。能否使光束准确地携带检测量的信息，是决定设计系统成败的关键。

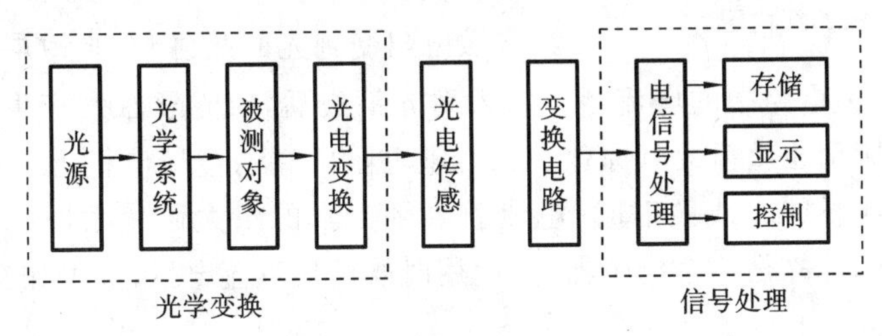

图 6-2 光电检测系统框图

光电检测技术的现代发展方向：① 向非接触化发展；② 携带尽可能多的信息量；③ 向集成化、智能化发展。

2）光纤通信系统对光电检测器的基本要求

(1) 对光纤通信波有较高的响应、灵敏度。

(2) 响应速度快、频带宽，适应高码率通信要求。

(3) 噪声小。

2. 光电检测器在光纤通信系统中的作用

在光纤通信系统中，光电检测器是可将光纤输入的光信号转换为电信号的光电子器件，它是光收信机的关键元件，对于光收信机的灵敏度和延长通信距离具有重要的影响。光纤通信系统的基本结构，如图 6-3 所示。

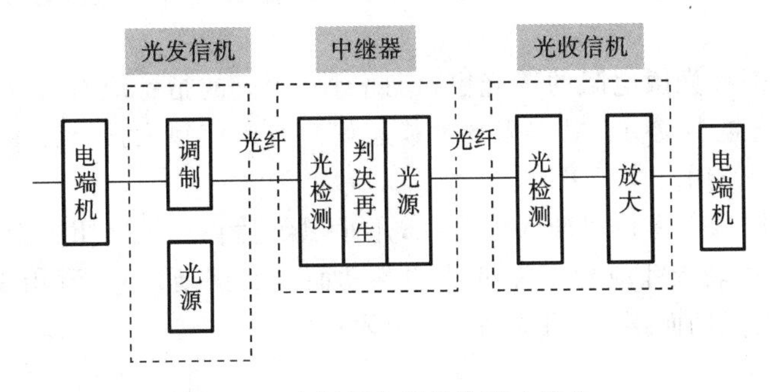

图 6-3 光纤通信系统的基本结构

3. 光敏电阻的结构及工作原理

光敏电阻是利用半导体光电导效应制成的一种特殊电阻，对光线十分敏感，其电阻值能

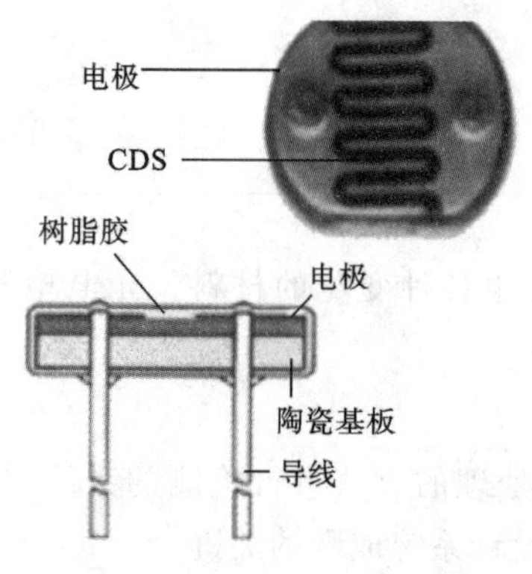

图 6-4　光敏电阻的结构图

随着外界光照强弱(明暗)的变化而变化。当无光照射时，它呈高阻状态；当有光照射时，其电阻值迅速减小。

1) 光敏电阻的结构

光敏电阻制成薄片结构，以便吸收更多的光能。为了获得高灵敏度，光敏电阻的电极常采用梳状图案，它是在一定的掩膜下向光电导薄膜上蒸镀金或铟等金属形成的。一般光敏电阻的结构，如图 6-4 所示。光敏电阻在电路中用字母 R、R_L、R_G 表示。

2) 光敏电阻的工作原理

当光敏电阻受到光的照射时，光敏层内就激发出电子-空穴对，参与导电，使电路中的电流增强。入射光消失后，由光子激发产生的电子-空穴对将复合，光敏电阻的阻值也就恢复到原值。在光敏电阻两端的金属电极上加电压，其中便有电流通过，受到一定波长的光线照射时，电流就会随光强的增大而变大，从而实现光-电转换。光敏电阻没有极性，纯粹是一个电阻器件，使用时既可加直流电压，又可加交流电压。

3) 光敏电阻的应用

光敏电阻属于半导体光敏器件，除具灵敏度高、反应速度快等特点外，在高温、多湿的恶劣环境下，还能保持高度的稳定性和可靠性。可广泛应用于照相机、太阳能庭院灯、草坪灯、验钞机、石英钟、迷你小夜灯、光声控开关、路灯自动开关，以及各种光控玩具、光控灯饰等光自动开关控制的领域。

光敏电阻的检测

光敏电阻的检测方法如下。

(1) 用一张小黑纸片将光敏电阻的透光窗口遮住，此时万用表的指针基本保持不变，阻值接近无穷大，阻值越大说明光敏电阻的性能越好。若阻值很小或接近于 0，说明光敏电阻损坏，不能使用。

(2) 将一光源对准光敏电阻的透光窗口，此时万用表的指针应有较大幅度的向右摆动，阻值明显减小，此值越小说明光敏电阻的性能越好。若此值很大甚至无穷大，说明光敏电阻内部开路损坏，不能使用。

(3) 将光敏电阻透光窗口对准入射光线，用小黑纸片在光敏电阻的遮光窗口晃动，使其间断受光，此时，万用表指针应随小黑纸片的晃动而左右摆动，如果万用表指针始终停在某一位置，不随纸片的晃动而摆动，则说明光敏电阻损坏。

思考与练习

(1) 光敏电阻和一般的电阻有何区别?

(2) 光电检测器的作用是什么?

二、光电检测器的分类

模拟情境

光电检测器在军事、经济的各个领域都有广泛的应用。在可见光或近红外波段主要用于工业自动控制、光度计量、射线测量和探测等方面；在红外波段主要用于导弹制导、红外热成像、红外遥感等方面。

任务分析

光电检测器能把光信号转换为电信号。在光电测试系统中，需要根据实际需要来选择各种检测器。了解光电检测器的分类，可以帮助我们选择合适的检测器。

知识链接

1. 光电检测器的分类

光电检测器可按如下方式进行分类。

1）按器件对辐射响应的方式不同分类

由于器件对辐射响应的方式不一样，由此可将光电检测器分为两大类：光子检测器和热检测器，如图 6-5 所示。

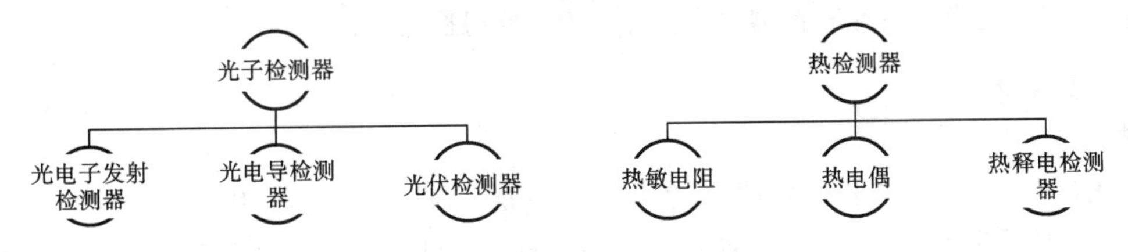

图 6-5 光电检测器的分类

（1）光子检测器。光子是光的最小能量量子，光子检测器的工作原理是基于光电效应。

光电效应：光照射到金属上，引起物质的电性质发生变化。这类“光致电变”的现象统称为光电效应，如图 6-6 所示。光电现象由德国物理学家赫兹于 1887 年发现，而正确的解释则由爱因斯坦提出。

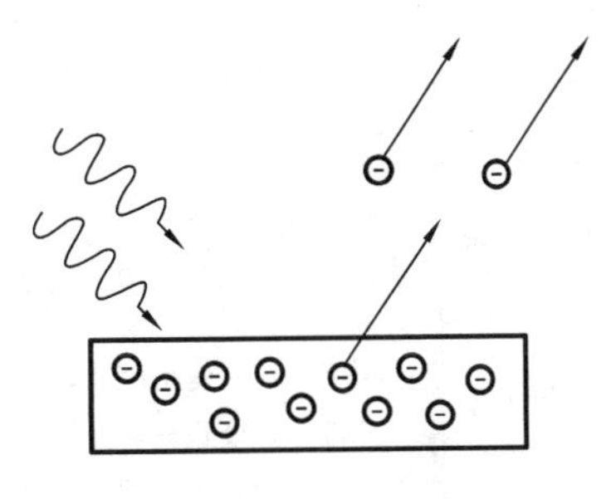

图 6-6 光电效应

光电效应分为光电子发射、光电导效应和光生伏特效应。前一种现象发生在物体表面，称为外光电效应；后两种现象发生在物体内部，称为内光电效应。

（2）利用光热效应制作的元件称为热检测器，同时也称为热电检测器。光热效应是指当材料受光照射后，光子能量会同晶格相互作用，振动变得剧烈，温度逐渐升高，由于温度的变化，而逐渐造成物质的电学特性变化。

2）按应用分类

按应用分类可分为金属检测器、非成像检测器(多为四成像检测器)、成像检测器(摄像管)等。

3）按波段分类

按波段分类可分为红外光检测器(硫化铅光电检测器)、可见光检测器(硫化镉、硒化镉光敏电阻)、紫外光检测器等。

思考与练习

(1) 按器件对辐射响应的方式不同，光电检测器可以分为哪几类？

(2) 光电检测器按波段分类可以分为哪几类？

任务二　认识 PIN 光电二极管

一、PIN 光电二极管的结构和基本原理

模拟情境

PIN 光电二极管是一种常用的光电检测器，因其体积小、噪声低、响应速度快、光谱响应性能好等特点已作为一个标准器件广泛应用于红外遥控接收领域。

任务分析

PIN 光电二极管相比于普通二极管增加了一层本征层(I 层)，其用途也变得非常广泛，尤其是在射频领域和光电检测方面。这里我们将测试它的光电流和光照特性。

任务书

任务指导书

任务编号	2	任务名称	PIN 光电二极管光电流测试
任务目标	① 掌握 PIN 光电二极管的工作原理。 ② 掌握 PIN 光电二极管光电流的测试方法。		
仪器设备	GCPIN-B 型光电 PIN 光电二极管综合实验仪、光通路组件、光照度计、PIN 光电二极管及封装组件、实验指导书、示波器		
实施过程	(1) 光通路组件，如图 6-7 所示。		

续表

实施过程	功能说明： 分光镜：50％透过 50％反射镜，将平行光的一半给照度计探头，一半给等测光器件，实验测试方便简单，照度计可实时检测出等测器件所接收的光照度。 光器件输出端：红色——PIN 光电二极管 P 极。 黑色——PIN 光电二极管 N 极。 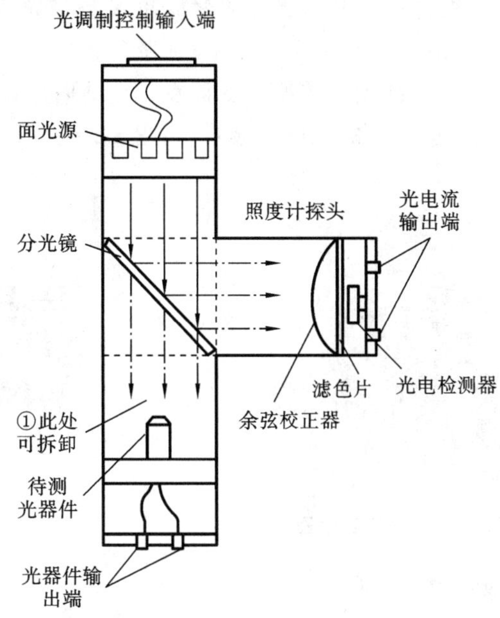 图 6-7 PIN 光电二极管光通路组件 (2) 实验装置原理图，如图 6-8 所示。 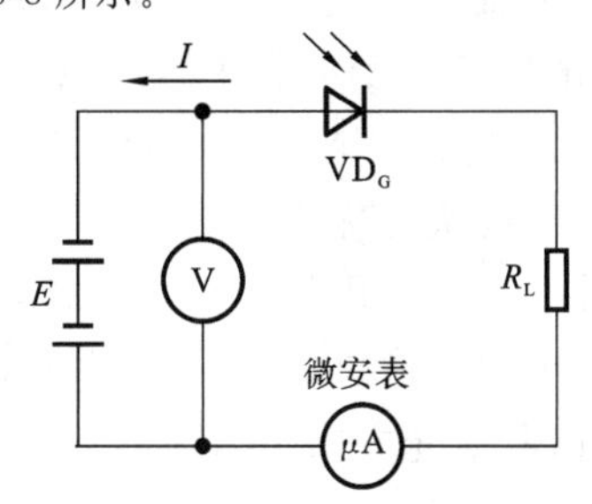 图 6-8 PIN 光电二极管光电流测试原理图 ① 按图 6-7 所示组装好光通路组件，将光照度计与光照度计探头输出正负极对应相连(红为正极，黑为负极)，将光照度计电源线与面板上的光照度计电源正负极对应相连(红为正极，黑为负极)，将光源调制单元 J4 与光通路组件光源接口用彩排数据线相连。 ② 将三掷开关 BM2 拨到“静态”，将拨位开关 S_1 拨上，将开关 S_2、S_3、S_4、S_5、S_6、S_7 均拨下。 ③ 按图 6-8 所示连接电路，选择 0～12 V 直流电源，负载选择 $R_L6=1$ kΩ。 ④ 接通电源，缓慢调节光照度调节电位器，直到光照为 300 lx(约为环境光照)，缓慢调节直流电源 2 直到电压表显示为 15 V，读出此时电流表的读数，即为 PIN 光电二极管在偏压 15 V、光照 300 lx 时的光电流。 ⑤ 实验完毕，将光照度调至最小，直流电源调至最小，断开电源，拆除所有连线。
任务小结	

知识链接

1. PIN 光电二极管的基本概念

一般的二极管是由 N 型杂质掺杂的半导体材料和 P 型杂质掺杂的半导体材料直接构成 PN 结。而 PIN 光电二极管是在 P 型半导体材料和 N 型半导体材料之间加一薄层低掺杂的本征半导体层，故称为 PIN 光电二极管，如图 6-9 所示。

PIN 光电二极管是为提高光电转换效率而在 PN 结内部设置一层掺杂浓度很低的本征半导体（I 层）以扩大耗尽层宽度的光电二极管，如图 6-10 所示。从而使 PN 结双电层的间距加宽，结电容变小。

图 6-9 PIN 光电二极管实物图

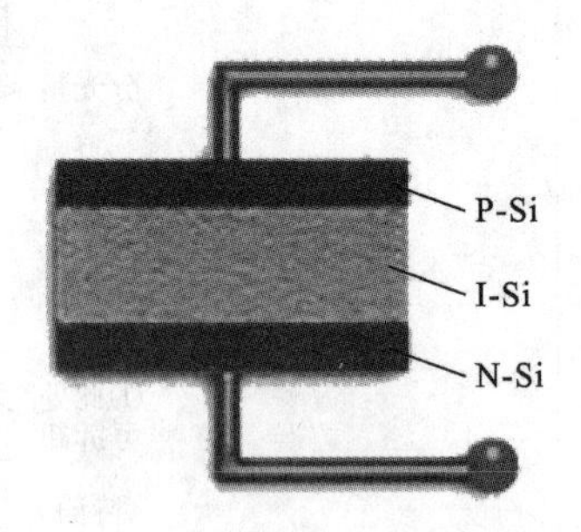

图 6-10 PIN 光电二极管结构图

2. PIN 光电二极管的工作原理

来自 P 层外侧的入射光，主要由 I 层吸收，从而产生空穴和电子。使用元件时要外加反向偏压，以使空穴朝 P 层移动，而电子朝 N 层移动，再由两电极流到外电路。PIN 硅光电二极管正常工作时，外加反向偏压使整个 I 层耗尽，I 层有接近 100% 的量子效率。此外，比平常光电二极管宽的 I 层耗尽层，使得 PIN 光电二极管有小单位的面积结电容，因此，PIN 光电二极管兼有灵敏度高和响应速度快的优点。但由于 I 层的存在，PIN 光电二极管的光谱灵敏度在短波方向减弱，使短波限红外，使用于近红外区域的最大灵敏度波长为 1 μm 。

PIN 光电二极管可用于电视摄像机之类的遥控装置、伺服跟踪信号检测器等。它的外形多为半圆形的塑料透镜，所以其受光方向多为圆形。

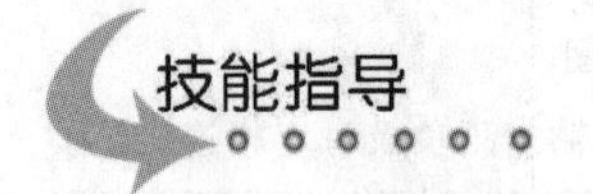

技能指导

1. 光电二极管的检测方法一——电阻法

用万用表的 1 kΩ 挡检测，光电二极管正向电阻为 10 kΩ 左右。在无光照情况下，反向电阻为∞时，说明管子是好的（反向电阻不是∞时，说明漏电流较大）。有光照时，反向电阻随光照强度的增加而减小，阻值达到 1 kΩ 以内，则管子是好的；若反向电阻都是∞或 0，则管子是坏的。

2. 光电二极管的检测方法二——电压测量法与短路电流测量法

（1）电压测量法：用万用表 1 V 挡。用红表笔接光电二极管的“+”极，黑表笔接“−”极，在光照下，其电压与光照强度成比例，一般可达 0.2～0.4 V。

(2) 短路电流测量法：用万用表 500 μA 挡。用红表笔接光电二极管的“＋”极，黑表笔接“－”极，在白炽灯(不能用日光灯)下，随着光照增强，其电流增加是好的，短路电流可达数十至数百微安。

思考与练习

(1) 简述 PIN 光电二极管的结构。

(2) PIN 光电二极管的工作原理是什么?

二、PIN 光电二极管的工作特性

模拟情境

对于以高速响应为目标的光电二极管来说，为了减少 PN 结的电容，在 P 层与 N 层之间设计一个高阻抗层结构即 I 层(本征层)。那么 PIN 光电二极管与一般光电二极管在作用和工作原理上有什么区别呢?

任务分析

PIN 光电二极管是用来吸收光辐射从而产生光电流的一种检测光信号的小型器件。简而言之，就是通过 PIN 层，将光信号转换成电信号。PIN 光电二极管不仅反应灵敏，所需要的时间也很短。本节将探索 PIN 光电二极管的主要特性。

任务书

任务指导书

任务编号	3	任务名称	PIN 光电二极管的光照特性测试
任务目标	① 学习掌握 PIN 光电二极管的基本特性。 ② 了解 PIN 光电二极管的基本应用。		
仪器设备	GCPIN-B 型光电 PIN 光电二极管综合实验仪、光通路组件、光照度计、PIN 光电二极管及封装组件、实验指导书、示波器		
实施过程	PIN 光电二极管的光照特性 ① 按图 6-7 组装光通路组件，将照度计与照度计探头输出正负极对应相连(红为正极，黑为负极)，将照度计电源线与面板上的照度计电源正负极对应相连(红为正极，黑为负极)，将光源调制单元 J4 与光通路组件光源接口用彩排数据线相连。 ② 将三掷开关 BM2 拨到“静态”，将拨位开关 S_1 拨上，将开关 S_2、S_3、S_4、S_5、S_6、S_7 均拨下。 ③ 按图 6-11 所示原理图连接电路，选择 0～12 V 直流电源 2，负载选择 $R_L6=1\ k\Omega$。		

续表

实施过程

④ 将光照度调节旋钮逆时针调节至最小值位置。打开电源，缓慢调节直流电源 2 直到显示为 15 V，顺时针调节光照度电位器，增大光照度，分别记下不同照度下对应的光生电流值，填入表 6-2。若电流表或照度计显示为“1_”时，说明超出量程，应改为合适的量程再测试。

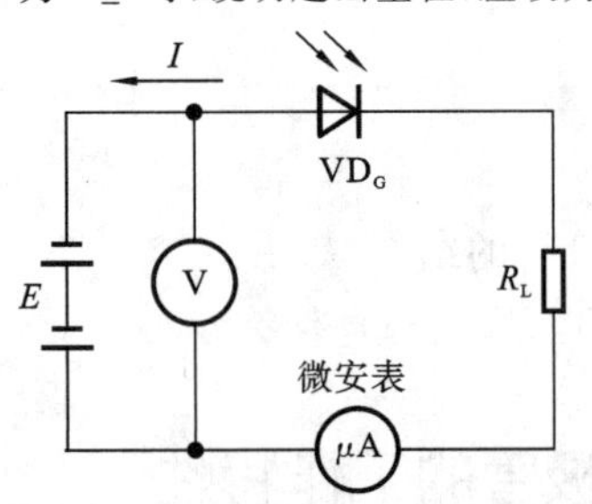

图 6-11　PIN 光电二极管的光照特性原理图

表 6-2　PIN 光电二极管光照特性数据记录

光照度(lx)	0	100	300	500	700	900
光生电流(μA)						

⑤ 根据表 6-2 中的实验数据，画出 PIN 光电二极管在 15V 偏压下的光照特性曲线，并进行分析。

⑥ 实验完毕，将光照度调至最小，直流电源调至最小，断开电源，拆除所有连线。

任务小结

PIN 光电二极管在不同偏置下的工作状态

1）正偏下

图 6-12(a)所示为正偏下 PIN 光电二极管的等效电路图，可以看出 PIN 光电二极管可等效为一个很小的电阻，阻值在 0.1～10 Ω。

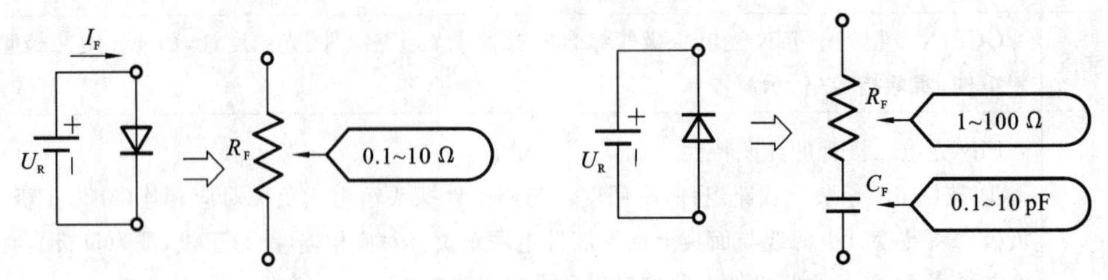

（a）正偏下PIN光电二极管的等效电路图　（b）反偏下PIN光电二极管的等效电路图

图 6-12　PIN 光电二极管的等效电路图

2）零偏下

当零偏时，I层由于存在耗尽区而使得PIN光电二极管呈现高阻状态。

3）反偏下

图6-12(b)所示为反偏下PIN光电二极管的等效电路图，可以看出PIN光电二极管电阻范围在1～100 Ω，电容范围在0.1～10 pF。当反向偏压过大，会发生I层穿通，此时PIN光电二极管不能正常工作。

技能指导

(1) 实验前，请仔细阅读光电检测综合实验仪说明，弄清实验箱各部分的功能及拨位开关的意义。

(2) 当电压表和电流表显示“1_”时，说明超过量程，应更换为合适的量程。

(3) 连线之前保证电源断开。

(4) 实验过程中，请勿同时拨开两种或两种以上的光源开关，这样会造成实验所测数据不准确。

思考与练习

(1) PIN光电二极管与普通光电二极管有什么区别?

(2) PIN光电二极管有几种工作状态?

拓展训练

测量光电二极管的特性

任务指导书

任务编号	4	任务名称	光电二极管特性测试
任务目标	了解光电二极管的工作原理及特性。		
仪器设备	主机箱、电流表、电压表、光电器件实验(一)模板、光电二极管、发光二极管、遮光筒		
实施过程	光照特性 将图6-1中的光敏电阻更换成光敏二极管(注意接线孔的颜色相对应，即+、-极性)，安装接线，测量光敏二极管的暗电流和亮电流。 暗电流测试：将主机箱中的2～10 V的可调电源开关调到6 V挡，合上主机箱电源，将0～24 V可调稳压电源的调节旋钮逆时针方向缓慢旋到底，读取主机箱上电流表(20 μA)的值，即为光敏二极管的暗电流值。暗电流基本为0，一般光敏二极管的暗电流小于0.1 μA。在实施过程中，暗电流越小越好。 亮电流测试：顺时针方向缓慢地调节0～24 V可调稳压电源为表6-3光照度对应的电压值，将光电流的测量(根据光电流的大小切换合适的电流表量程挡)数据填入表6-3。 根据表6-3中的数据，画出光敏二极管工作电压为6 V时的 I-lx 特性曲线。		

续表

<table>
<tr><td>实施过程</td><td>表 6-3 光电二极管光照特性实验数据
<table>
<tr><td>光照度(lx)</td><td>0</td><td>10</td><td>20</td><td>30</td><td>40</td><td>50</td><td>60</td><td>70</td><td>80</td><td>90</td></tr>
<tr><td>光电流(μA)</td><td></td><td></td><td></td><td></td><td></td><td></td><td></td><td></td><td></td><td></td></tr>
</table></td></tr>
<tr><td>任务小结</td><td></td></tr>
</table>

1. 光电二极管

1）结构特点与符号

光电二极管又称为光敏二极管。是由一个 PN 结组成的半导体器件，具有单向导电特性。其结构及在电路中的符号如图 6-13 所示。

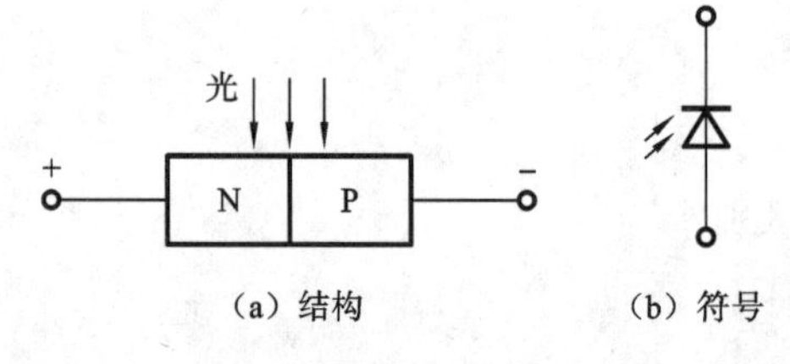

(a) 结构　　(b) 符号

图 6-13　光电二极管的结构及在电路中的符号

光电二极管的重要特性就是把光能转换成电能。当没有光照时，光电二极管的反向电阻很大，反向电流很微弱；当有光照时，光子打在 PN 结附近，于是在 PN 结附近产生电子-空穴对，它们在 PN 结内部电场的作用下做定向运动，形成光电流。光照越强，光电流越大，光的变化引起光电二极管电流的变化，这就可以把光信号转换成电信号，即为光电传感器件。

与光敏电阻器相比，光电二极管具有灵敏度高、高频性能好、可靠性好、体积小、使用方便等优点。光电二极管使用时要反向接入电路中，即其正极接电源负极，负极接电源正极。

2. 光电二极管的两种工作状态

(1) 当光敏二极管加上反向电压时，管子中的反向电流随着光照强度的改变而改变，光照强度越大，反向电流越大，大多数都在这种状态下工作。

(2) 光敏二极管上不加电压，利用 PN 结在受光照时产生正向电压的原理，将其用作微型光电池。

光敏二极管分有 PN 结型、PIN 型、雪崩型和肖特基结型。其中用得最多的是 PN 结型，因为其价格便宜。

光敏二极管和普通二极管相比，虽然都属于单向导电的非线性半导体器件，但在结构上光敏二极管有其特殊的地方。学习光电二极管的特性，有助于我们能更好地应用它。

任务三　认识雪崩光电二极管

一、雪崩光电二极管的结构和基本原理

模拟情境

雪崩光电二极管——APD 是用于激光通信中的光敏元件，与真空光电倍增管相比，雪崩光电二极管具有体积小、不需要高压电源等优点，因而更适于实际应用。

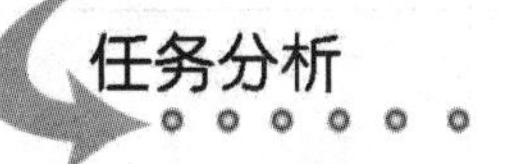

任务分析

与一般的半导体光电二极管相比，雪崩光电二极管具有灵敏度高、运行速度快等优点，本任务主要学习雪崩光电二极管的结构和基本原理。

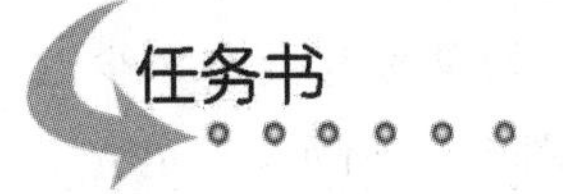

任务书

任务指导书

任务编号	5	任务名称	雪崩光电二极管光电流的测试
任务目标	① 掌握雪崩光电二极管的工作原理。 ② 掌握雪崩光电二极管光电流的测试方法。		
仪器设备	光电探测综合实验仪、光通路组件、光照度计、光敏电阻及封装组件、实验指导书、示波器		
实施过程	雪崩光电二极管暗电流测试 (1) 实验装置原理框图，如图 6-14 所示。 I　VD_G　E　V　R_L　微安表　μA **图 6-14　雪崩光电二极管特性测量原理图** (2) 组装好光通路组件，将光照度计与照度计探头输出正负极对应相连(红为正极，黑为负极)，将光照度计电源线与面板上的光照度计电源正负极对应相连(红为正极，黑为负极)，将光源调制单元 J4 与光通路组件光源接口用彩排数据线相连。 (3) 将三掷开关 BM2 拨到“静态”，将拨位开关 S_1、S_2、S_3、S_4、S_5、S_6、S_7 均拨下。		

续表

实施过程	(4) 光照度调节调到最小,连接好光照度计,直流电源调至最小,打开光照度计,此时光照度计的读数应为 0。 (5) 按图 6-14 所示的原理图连接电路,选择 0～200 V 直流电源 1,负载选择 $R_L=100\ k\Omega$,电流表选择 200 μA 挡。 (6) 闭合电源开关,缓慢调节直流电源 1 到微安表显示有读数为止,记录此时电压表 U 和电流表 I 的读数,I 即为雪崩光电二极管在偏压下的暗电流。 (注:在测试暗电流时,应先将光电器件置于黑暗环境中 30 min 以上,否则测试过程中电压表需过一段时间后才可稳定) (7) 实验完毕,将直流电源调至最小,断开电源,拆除所有连线。
任务小结	

1. 雪崩光电二极管的基本概念

PIN 光电二极管提高了 PN 结光电二极管的时间响应,但对器件的灵敏度没有多少改善。为了提高光电二极管的灵敏度,人们设计了雪崩光电二极管,如图 6-15 所示,使光电二极管的光电灵敏度得到提高。

APD 是通过在其结构中构造一个强电场区,当光入射到 PN 结后,光子被吸收产生电子-空穴对,这些电子-空穴对运动进入强电场区后获得能量做高速运动,与原子晶格产生碰撞电离出新的电子-空穴对,该过程经过反复后,可使载流子雪崩式倍增。

2. 雪崩光电二极管的结构和基本原理

雪崩光电二极管的结构是在 N 型基片上制作 P 层,然后在配置上 P^+ 层。一般上部的电极制作成环状,这是考虑到要能获得稳定的雪崩效应。外来的光线通过薄的 P^+ 层,然后被 P 层吸收,从而产生电子和空穴。

雪崩光电二极管是利用 PN 结在高反向电压下产生的雪崩效应来工作的一种二极管,如图 6-16 所示。雪崩光电二极管是具有内增益的一种光伏器件,它利用光生载流子在强电场内的定向运动产生雪崩效应,以获得光电流的增益。在雪崩过程中,光生载流子在强电场的作用下做高速定向运动,具有很高动能的光生电子或空穴与晶格原子碰撞,使晶格原子电离产生二次电子-空穴对。二次电子-空穴对在电场的作用下获得足够的动能,又使晶格原子电离产生新的电子-空穴对,此过程像雪崩似的继续下去。电离产生的载流子数远大于光激发产生的光生载流子数,这时雪崩光电二极管的输出电流迅速增加。高速运动的电子和晶格原子相碰撞,使晶格原子电离,产生新的电子-空穴对。新产生的二次电子再次和原子碰撞。如此多次碰撞,产生连锁反应,致使载流子雪崩式倍增。所以这种器件就称为雪崩光电二极管(APD)。

图 6-15 雪崩光电二极管实物图

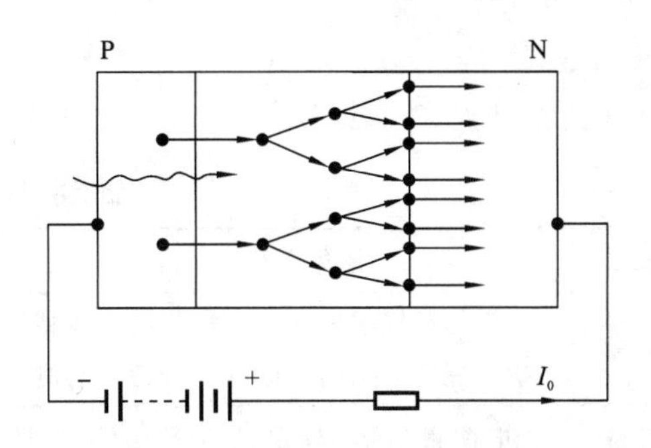

图 6-16 雪崩光电二极管的原理图

技能指导

雪崩光电二极管作为光敏接收器件，特别适用于微弱信号的接收检测。雪崩光电二极管具有很高的内部增益，响应速度非常快，但要使雪崩光电二极管发挥其优异的特性，必须给它提供一个较高的反向偏置电压。

雪崩光电二极管制造材料的选择。理论上，在倍增区中可采用任何半导体材料。硅材料适用于对可见光和近红外线的检测；锗材料可检测波长超过 1.7 μm 的红外线，但倍增噪声较大；InGaAs 材料可检测波长超过 1.6 μm 的红外线，且倍增噪声低于用锗材料的，该材料适用于高速光纤通信，商用产品的速度已经达到 10 Gb/s 或更高；氮化镓二极管用于紫外线的检测；HgCdTe 二极管可检测红外线，波长最高可达 14 μm，但需要冷却以降低暗电流，使用该二极管可获得较低的倍增噪声。

思考与练习

(1) 简述雪崩光电二极管的结构。

(2) 简述雪崩光电二极管的工作原理。

二、雪崩光电二极管的工作特性

模拟情境

相对于 PIN 光电二极管，雪崩光电二极管是具有内部增益的光电检测器，解决了 PIN 光电二极管灵敏度低的问题，其在高速调制、微弱信号检测时优点更加明显。

任务分析

APD 是用于激光通信系统中的光敏元件。在以硅或锗为材料制成的光电二极管的 PN 结上加上反向偏压后，射入的光被 PN 结吸收后会形成光电流。加大反向偏压会产生雪崩（即光电流成倍激增）的现象。下面我们将测试雪崩光电二极管的伏安特性。

任务指导书

<table>
<tr><td>任务编号</td><td>6</td><td>任务名称</td><td>雪崩光电二极管的伏安特性测试</td></tr>
<tr><td>任务目标</td><td colspan="3">① 学习掌握雪崩光电二极管的基本特性。
② 掌握雪崩光电二极管伏安特性的测试方法。</td></tr>
<tr><td>仪器设备</td><td colspan="3">光电探测综合实验仪、光通路组件、光照度计、光敏电阻及封装组件、实验指导书、示波器</td></tr>
<tr><td>实施过程</td><td colspan="3">(1) 按图 6-7 所示组装光通路组件，将光照度计与照度计探头输出正负极对应相连（红为正极，黑为负极），将光照度计电源线与面板上的照度计电源正负极对应相连（红为正极，黑为负极），将光源调制单元 J4 与光通路组件光源接口用彩排数据线相连。
(2) 将三掷开关 BM2 拨到“静态”，将拨位开关 S_1 拨上，S_2、S_3、S_4、S_5、S_6、S_7 均拨下。
(3) 按图 6-14 所示的原理图连接电路，选择 0～200 V 直流电源 1，负载选择 $R_L=100\ \mathrm{k\Omega}$。
(4) 接通电源顺时针调节照度调节旋钮，使照度值为 200lx，保持光照度不变，调节电源电压电位器，使反向偏压为 0 V、50 V、100 V、120 V、130 V、140 V、150 V、160 V、170 V、180 V 时的电流表读数，填入表 6-4，断开电源。
(5) 根据上述实验结果，画出 200lx 光照度下的雪崩光电二极管的伏安特性曲线。

表 6-4　雪崩光电二极管特性测量数据
<table>
<tr><td>偏压(V)</td><td>0</td><td>50</td><td>100</td><td>120</td><td>130</td><td>140</td><td>150</td><td>160</td><td>170</td><td>180</td></tr>
<tr><td>光电流 $I(\mu A)$</td><td></td><td></td><td></td><td></td><td></td><td></td><td></td><td></td><td></td><td></td></tr>
</table>
（注：由于雪崩光电二极管的个性差异，不同的雪崩光电二极管的雪崩电压有 0～50 V 的差异，测试的数据也有很大差异，属正常现象）</td></tr>
<tr><td>任务小结</td><td colspan="3"></td></tr>
</table>

1. 雪崩光电二极管输出电流 I 和反向偏压 U 的关系

雪崩光电二极管输出电流 I 和反向偏压 U 的关系示意图，如图 6-17 所示。随着反向偏压 U 的增加，输出电流基本保持不变。当反向偏压增加到一定的数值时，输出电流急剧增加，最后器件被击穿，这个电压称为击穿电压 U_B。

雪崩光电二极管的电流增益用倍增系数或雪崩增益 M 表示，定义为

$$M=I/I_0 \tag{6-1}$$

式中：I 为输出电流，I_0 为倍增前的电流。倍增系数 M 与 PN 结所加的反向偏压有关。其工作电压一般在 100～200 V，有的管子工作电压更高。

2. 雪崩光电二极管的应用

与真空光电倍增管相比，雪崩光电二极管具有体积小、不需要高压电源等优点，因而更

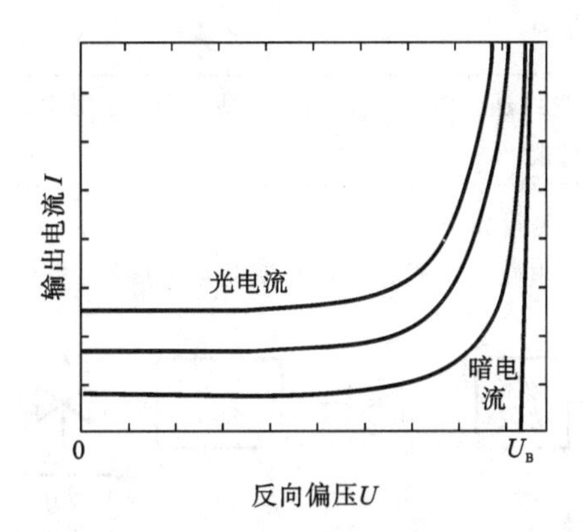

图 6-17 雪崩光电二极管输出电流 I 和反向偏压 U 的关系

适于实际应用；与一般的半导体光电二极管相比，雪崩光电二极管具有灵敏度高、速度快等优点，特别是当系统带宽比较大时，能使系统的检测性能有较大改善。

因此，雪崩光电二极管主要应用于激光测距仪、视频扫描成像仪、高速分析仪器、自由空间通信、紫外线传感、分布式温度传感器等。

技能指导

(1) 在测试过程中应缓慢调节电位器，当反向偏压高于雪崩电压时，光生电流会迅速增加，电流表的读数会增加 N 个数量级，由于雪崩光电二极管在高于雪崩电压的条件下工作时，PN 结上的偏压很容易产生波动，影响到增益的稳定性，因此产生的光电流不稳定，这属于正常现象，在记录结果时，取数量级数值即可。

(2) 在实验过程中，请勿长期将雪崩光电二极管的工作电压大于雪崩电压，以免烧坏雪崩光电二极管。在工业应用中，雪崩光电二极管的工作电压应略低于雪崩电压。

思考与练习

(1) 雪崩光电二极管与 PIN 光电二极管的区别是什么？

(2) 雪崩光电二极管的应用有哪些？

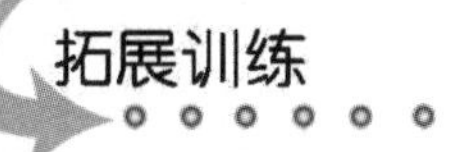

数字光接收端口的指标测试

任务指导书

任务编号	7	任务名称	数字光接收端口的指标测试
任务目标	① 熟悉光接收机灵敏度的概念。 ② 掌握光接收机灵敏度的测试方法。		

续表

仪器设备	RC-GT-Ⅲ(+)型光纤通信原理实验箱、光功率计、万用表、小型可变衰减器、误码分析仪、FC-FC 型光纤跳线两根
实施过程	光接收机的灵敏度测量如下。 (1) 按图 6-18 所示电路将误码分析仪与实验箱连接好。 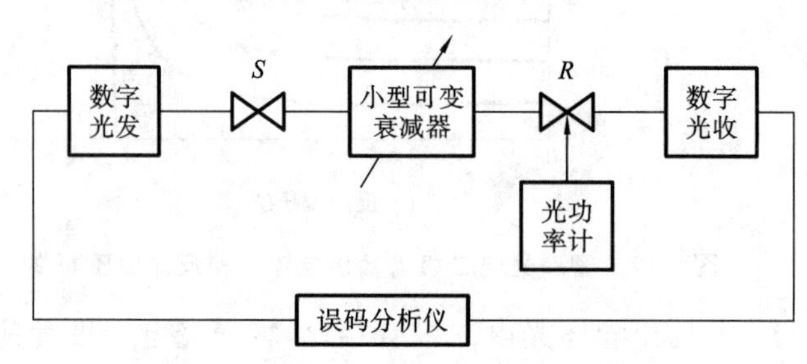 **图 6-18　数字接收单元指标测试框图** (2) 光路部分的连接。 ① 取下光发送/光接收端口上的红色橡胶保护套。 ② 取一根 FC-FC 型光纤跳线,取下其两端的保护套。 ③ 将光纤跳线的 A 端与光发送端口的法兰盘对接,即将光纤跳线小心地插入法兰盘,在插入的同时保证光纤跳线的凸起部分与法兰盘的凹槽完全吻合,然后拧紧固定帽即可。 ④ 将小型可变衰减器的衰减调节至最小,取下小型可变衰减器一端的保护帽,将光纤跳线的 B 端与小型可变衰减器对接,方法同上。 ⑤ 取另一根 FC-FC 型光纤跳线,将其 A、B 两端分别与小型可变衰减器的另一端及光接收端口相连接,其连接方法同上。 (3) 将单刀双掷开关 S200 拨向数字传输端,使光发送模块传输数字信号。操作步骤如下。 ① 闭合实验箱电源开关,使系统正常工作。 ② 闭合误码分析仪的电源开关,将误码分析仪的速率设为 2.048 MB/s,图案设为 2^{15}-1,码型设为 NRZ 码。 ③ 调节光接收模块的可调电阻 R_{257} 和 R_{242},用示波器观察 IC202 的波形,使数字信号处于最佳状态。 ④ 慢慢调节小型可变衰减器的衰减量,使光接收机的光功率慢慢减小,误码率慢慢增大,当误码率增大到 10^{-9} 时,用光功率计测得此时的光功率即为最小光功率 P_{min}。 ⑤ P_{min} 就是光接收机的灵敏度。
任务小结	

1. 光接收机的性能

光接收机主要的性能指标是误码率(BER)、灵敏度和动态范围。

1) 误码率

误码率是指在一定的时间间隔内，发生差错的脉冲数和在这个时间间隔内传输的总脉冲数之比。例如，误码率为 10^{-9} 表示平均每发送十亿个脉冲会出现一个误码。

光纤通信系统的误码率较低，典型误码率范围是 10^{-9}～10^{-12}。

光接收机的误码来自于系统的各种噪声和干扰。这种噪声经光接收机转换为电流噪声叠加在光接收机前端的信号上，使得光接收机不是对任何微弱的信号都能正确接收，这样就造成了光接收机的信号错误。

2) 灵敏度

灵敏度的定义为：在满足给定能的误码率指标条件下，最小光功率 $P_{\min}$。在实际工程中常用绝对功率值(dBm)来表示。

光接收机的灵敏度主要由光接收机的噪声来决定。噪声主要来自于检测器和放大器的噪声，噪声具有以下几种类型。

(1) 散粒噪声。

当光进入光电二极管时，光子的产生和结合具有统计特性，使得实际电子数围绕平均值起伏，这种噪声称为散粒噪声。

(2) 热噪声。

热噪声起源于电阻内电子的热运动，即使没有外加电压，由于电子热运动的随机性，使得电子的瞬间数目围绕它的平均值起伏。

(3) 暗电流噪声。

光电二极管在反向偏压条件下，即使处于没有光照的环境中，电路中也会有反向直流电流，称为暗电流。对一个接收机来说，暗电流决定了其可探测的信号功率水平的噪声基底。暗电流的典型值为几纳安。如果暗电流达到了 100 nA，可能会引起严重的问题。

一个性能优良的光接收机应该以尽量小的最小接收功率保证给定的信噪比，也就是要保证尽可能高的接收灵敏度。所有的误差源都有可能限制灵敏度的提高，其中最主要的因素是噪声，有时也要考虑码间串扰的影响。码间串扰是指光纤色散和光接收机的有限带宽会引起脉冲展宽，造成码间串扰，从而降低光接收机的灵敏度。

3) 光接收机的动态范围

在长期的使用过程中，光接收机的光功率可能会有所变化。因此要求光接收机有一个动态范围。低于动态范围(即灵敏度)的下限，将产生过大的误码；高于动态范围(即光接收机的过载功率)的上限，也将产生过大的误码。显然，一台质量好的光接收机应该有较宽的动态范围。

在保证系统的误码率指标要求下，光接收机的最低输出光功率(用 dBm 来描述)和最大允许输入光功率(用 dBm 来描述)之差就是光接收机的动态范围。

2. 光接收机的维护

随着系统的改造升级，大部分城市建立了 HFC 网(光纤同轴电缆混合网)，而且有许多地方已实现了县乡村光纤联网，因而光接收机得到了大量应用。

使用光接收机的注意事项。

(1) 光纤 APC 头有光输出，检修时，应避免光输出头对准人的眼睛，防止光对人眼造成伤害。

(2) 光连接头应避免灰尘，连接之前应用无水酒精清洗。

(3) 电压波动较大的地方，应加装交流稳压器。

(4) 野外型光接收机的外壳一定要锁紧，防止水浸入。

(5) 安装光接收机的地方要有防雷设施，外壳要接地。

光端机分为模拟光端机和数字光端机两种。模拟光端机用于接收模拟信号，如光纤 ATV 信号。当前的通信系统由于大多采用数字信号，因而主要用的是数字光端机。

项 目 小 结

(1) 光电检测器是指当有辐射照射在物体表面时，性质会发生各种变化的材料。光电检测器能把辐射信号转换为电信号。

(2) PIN 光电二极管较之于普通二极管增加了一层本征层(I 层)，使得其用途极其广泛，尤其是在射频领域和光电探测方面。

(3) APD 是指通过在其结构中构造一个强电场区，当光入射到 PN 结，光子被吸收产生电子-空穴对，这些电子-空穴对运动进入强电场区后获得能量做高速运动，与原子晶格产生碰撞电离出新的电子-空穴对，该过程经过反复后可使载流子雪崩式倍增。

参 考 文 献

[1] 陈振源，吴友明. LED应用技术[M]. 北京：北京电子工业出版社，2011.
[2] 陈振源，彭晓雷，张逊民. 光电器件测试技术[M]. 北京：北京电子工业出版社，2011.
[3] 王彦华，刘希璐. 光敏电阻器原理及检测方法[J]. 装备制造技术，2012.

内 容 简 介

本书是根据光电子产品制造业对应用型技术员工的要求，依据中等职业学校光电类专业教学标准和职业技能鉴定规范，并参考现代光电子企业生产知识编写的。

本书采用理实一体的教学模式编写，以典型的光电子产品为载体，突出实用性和工艺性，以实际操作为主，辅之以理论，对接光电子企业相关生产标准，易学易懂。

本书的编写充分考虑中职学生的认知特点，设计了六个实训项目：光纤连接器制造、光纤耦合器制造、光波分复用器制造、认识光放大器、认识光源、认识光电检测器。各项目按照由易到难、螺旋递进的顺序介绍了光电子产品的生产制造过程。学生从中可了解新器件、新工艺、新技术、新方法的应用。

本书既可作为中等职业学校光电类专业的教材，也可作为相关专业从业人员岗位培训、考证的参考书。

图书在版编目(CIP)数据

光电器件制造与检测技能训练/胡峥，郝小琳主编. —武汉：华中科技大学出版社，2018.9
职业技术教育课程改革规划教材. 光电技术应用技能训练系列教材
ISBN 978-7-5680-4620-6

Ⅰ.①光… Ⅱ.①胡… ②郝… Ⅲ.①光电器件-制造-中等专业学校-教材 ②光电器件-检测-中等专业学校-教材 Ⅳ.①TN15

中国版本图书馆 CIP 数据核字(2018)第 224711 号

光电器件制造与检测技能训练
Guangdian Qijian Zhizao yu Jiance Jineng Xunlian

胡 峥 郝小琳 主编

策划编辑：王红梅
责任编辑：刘辉阳 李 昊
封面设计：秦 茹
责任校对：张会军
责任监印：赵 月
出版发行：华中科技大学出版社(中国·武汉) 电话：(027)81321913
武汉市东湖新技术开发区华工科技园 邮编：430223
录 排：武汉市洪山区佳年华文印部
印 刷：武汉科源印刷设计有限公司
开 本：787mm×1092mm 1/16
印 张：9
字 数：219 千字
版 次：2018 年 9 月第 1 版第 1 次印刷
定 价：28.80 元

本书若有印装质量问题，请向出版社营销中心调换
全国免费服务热线：400-6679-118 竭诚为您服务